Bruno P. Kremer, Bärbel Oftring

Im Moor und auf der Heide

Haupt

Bruno P. Kremer, Bärbel Oftring

Im Moor und auf der Heide

Natur erleben – beobachten – verstehen

Haupt
NATUR

Bärbel Oftring ist Diplom-Biologin. Ihre Liebe zur Natur setzt sie heute als Autorin, Redakteurin und Herausgeberin von zahlreichen Sachbüchern für Kinder und Erwachsene sowie in verschiedenen Naturforscherprojekten in die Tat um. Ihre Bücher vermitteln auf anschauliche und interessante Weise, was es alles über Tiere und Pflanzen zu entdecken gibt. Sie wurden bereits in mehrere Sprachen übersetzt und mehrfach mit Preisen ausgezeichnet.
Bruno P. Kremer studierte Biologie und Chemie. Nach jahrelanger Feld- und Laborforschung zu Problemen der biochemischen Grundlagen ökologischer Anpassung lehrt er am Institut für Biologie und ihre Didaktik der Universität zu Köln und befasst sich mit Themen der Umwelt- sowie Naturerlebnispädagogik. Er veröffentlichte zahlreiche erfolgreiche Natursachbücher, die in insgesamt 14 Sprachen übersetzt wurden.

FSC
www.fsc.org
MIX
Papier aus verantwortungsvollen Quellen
FSC® C013736

1. Auflage 2013

Bibliografische Angaben der *Deutschen Nationalbibliothek:*
Die Deutsche Nationalbibliothek verzeichnet diese Publikation in der Deutschen Nationalbibliografie; detaillierte bibliografische Daten sind im Internet unter http://dnb.dnb.de abrufbar.

ISBN 978-3-258-07777-2

Gestaltung und Satz: pooldesign.ch

Printed in Germany

www.naturerleben.net in Partnerschaft mit www.naturgucker.net
www.haupt.ch

Inhaltsverzeichnis

Vorwort

Ob in Dichtung, Sage, Mythen, Liedern, Märchen oder Malerei – seit vorchristlicher Zeit war das Moor ein düsterer, abstoßender, menschenfeindlicher Ort. Schon der römische Schriftsteller Tacitus hob vor 2000 Jahren die Moore als kennzeichnende Landschaftsteile Germaniens neben den Wäldern hervor. Ganz anders die Heide, die niemals bedrohlich oder gar geheimnisvoll-bösartig, sondern insbesondere in Heimatfilmen sogar als ein heiter romantischer, gar lieblicher Ort empfunden wird. So unterschiedlich diese Wahrnehmungen auch sind, gelten die beiden Naturräume Moor und Heide heutzutage vor allem als Landschaften von hohem Reiz – für Wissenschaftler ebenso wie für interessierte Spaziergänger.

Diesen Reiz können Sie am besten spüren, wenn Sie ein Moor oder Heidegebiet besuchen und sich auf diese einzigartigen Lebensräume einlassen: So gegensätzlich das ständig feuchte Moor und die trocken-karge Heide auch sind, sie beide bieten Beobachtungs- und Erlebnismöglichkeiten der Spitzenklasse. Weil man Moor und Heide nicht täglich vor Augen hat, erscheint dort alles auf den ersten Blick hin einigermaßen gewöhnlich. Die Besonderheiten, die auffälligen wie die kleinen verborgenen Dinge, entdecken Sie durch aktive Wahrnehmung. Dabei möchte Ihnen dieses Buch helfen. Es spürt ungewöhnliche Sachverhalte auf, erklärt Ihnen Zusammenhänge, erzählt Geschichten und lädt zum Erkunden ein.

Und weil die Natur nichts Statisches ist, sondern das Resultat von Vernetzungen und gegenseitigen Abhängigkeiten, und weil das Erkunden ja auch Spaß machen soll, finden Sie überall Verweise auf andere, verwandte Themen im Buch sowie auf Geräusche, Filme und zusätzliche Bilder auf der Website **www.naturerleben.net**. Zahlreiche Heidevögel lassen sich leichter anhand ihrer Stimme als an ihrem Äußeren unterscheiden – prägen Sie sich die entsprechenden Tonspuren ein. Oder schauen Sie sich den Film über das Leben im Moorboden an. Wenn Sie eigene Beobachtungen oder Fotos mit anderen teilen möchten, können Sie dies dank unserer Partnerschaft mit www.naturgucker.net auch ganz einfach auf unserer Website tun.

Film

Tonspur

Fotos

Ab all dem Kreuz und Quer und Hin und Her zwischen Buchkapiteln und Website soll auch etwas hängen bleiben – mit den Quizfragen können Sie locker prüfen, wie viele Geheimnisse Sie schon gelüftet haben. Seit November 2011 gibt es noch eine weitere Dimension zu entdecken: Mit der iPhone-App zur Buchreihe können zum Beispiel die häufigsten Tier- und Pflanzenarten im Moor und auf der Heide bestimmt und das Auge und die Ohren durch die Beantwortung der Quizfragen für die Natur geschärft werden. Viel Spaß beim Beobachten, Entdecken und Erleben der Natur wünschen die Autorin, der Autor und Ihr Haupt Verlag!

Vorbereitung auf den Moor- und Heideausflug

Moor und Heide sind Lebensräume, die heutzutage bei uns fast verschwunden sind. Sie offenbaren ihre eher raue Schönheit und erstaunliche Vielfalt oft erst auf den zweiten Blick. Da gerade dort spezialisierte Arten vorkommen, die es sonst in keinem anderen Lebensraum gibt, versteht sich ein stets achtsamer und respektvoller Umgang mit den Pflanzen und Tieren von selbst. Schließlich sind Sie «nur» Gast in deren Lebensumfeld.

Tiere

Halten Sie sich von brütenden Vögeln fern. Scheuchen Sie keine Tiere auf. Lassen Sie Insekten, Spinnen und andere Bewohner von Moor und Heide, die Sie aus der Nähe betrachtet haben, dort wieder wohlbehalten frei, an der Sie sie aufgenommen haben.

Pflanzen

Um Pflanzen näher zu betrachten oder zu bestimmen, müssen Sie sie nicht ausreißen. Belassen Sie sie besser am Wuchsort, denn Pflanzen bieten Tieren Nahrung, Schutz, Unterschlupf, Brut- und Nistmöglichkeiten. Gerade in Moor und Heide kommen zahlreiche seltene Pflanzenarten vor, die unter Artenschutz stehen.

Abfälle

Bitte nehmen Sie Ihre Abfälle wieder mit und hinterlassen Sie diese nicht in der Natur. Flaschen, Dosen und anderer Müll wurden schon für viele Tiere zu tödlichen Fallen. Müll gehört in den Abfalleimer!

Hunde

Halten Sie sich unbedingt an die Leinenpflicht in Naturschutzgebieten: Ein einziger frei laufender Hund kann beispielsweise dazu führen, dass Kiebitze einen angestammten Brutplatz nicht mehr aufsuchen – fatal in unserer eh schon verarmten Natur, in der die Lebensräume für Pflanzen und Tiere immer kleiner werden. Auch darf Ihr Hund keine Tiere aufscheuchen oder Ruhe, Brut und Jungenaufzucht stören. Sind Jung- und Wildtiere in der Nähe, sollten Sie Ihren Hund stets an die Leine nehmen.

Ausrüstungsliste

Auch ohne besondere Ausrüstung können Sie im Moor und auf der Heide Pflanzen und Tieren erkunden und beobachten – aber mit ein paar Hilfsmitteln entdecken Sie einfach mehr. Dann kommt beim Erkunden der Natur erst richtig Freude auf!

- das wichtigste Utensil: Fernglas
- Kamera (evtl. wasserdicht)
- evtl. MP3-Player zum Aufnehmen von Lauten
- Hand- oder Becherlupe
- Pflanzen- und Tierbestimmungsbücher
- Notizbuch und Schreibzeug
- Taschenmesser
- wettertaugliche Kleidung, Schuhwerk und Sonnenschutz
- Reiseapotheke mit Pflaster und Desinfektionsmittel (für kleine Malheurchen)
- Zwischenmahlzeit und Getränk

Im Moor und auf der Heide

Eine Einleitung

Erlebnisräume Moor und Heide

Selbst auf dem einigermaßen festen Weg gurgelt und schmatzt der Boden unter jedem Schritt und Tritt. Dichte Nebelschwaden umfassen die wie verkrüppelt aussehenden **Moorbirken** und -kiefern nur schemenhaft. Unwirsch fahren die weit ausladenden Äste der Kiefern dem einsamen Wanderer ins Gesicht, während ihre knorrigen Wurzeln heimtückisch nach seinen Füßen hangeln. Die kurzen, altersschwach geneigten Stämme der Weiden mit den vielen zurückfaulenden Astlöchern schneiden fürchterliche Grimassen. Was war das doch vorhin für ein seltsam knackendes Geräusch? Huschte nicht eben ein düsterer Schatten hinter ein Gebüsch? Woher kam gerade der lang gezogene Klagelaut?

72← «Birken be(ob)achten»

Wahrhaftig – das Moor liefert wirkungsvoll die perfekte Kulisse für ziemlich ungute Gefühle und Gänsehaut. Den meisten Menschen erscheint das Moor auch heute noch unheimlich, hierher geht man höchst unfreiwillig.

Moor im Nebel

Lebensraum mit Rufmord

Der **schlechte Ruf** von Mooren ist die späte Folge von Märchen und Mythen, die wir schon seit frühester Kindheit kennen. Auch viele literarische Darstellungen prägen unser Bild vom Moor – man denke da zum Beispiel an die unheimliche Szenerie, in der Sir Arthur Conan Doyles «Der Hund von Baskerville» durch die nächtliche Einsamkeit hechelt, oder an die gespenstischen Vorgänge in der finsteren Ballade «Der Knabe im Moor» von Annette von Droste-Hülshoff (1797–1848): «O, schaurig ist's, übers Moor zu gehen», heißt es gleich in der ersten Zeile. Und in der letzten Zeile setzt sie sicherheitshalber gleich noch eins drauf: «O schaurig war's in der Heide». – Von der Heide war zwar vorher nirgendwo in der Ballade die Rede, aber sicherheitshalber bekommt auch dieser Lebensraum einen Seitenhieb ab.

→177 «Moorleichen: Haut ohne Knochen»

Die neue Wertschätzung

Allerdings gibt es – besonders in jüngerer Zeit – nicht nur negative literarische Einschätzungen von **Moor** und Heide. So schreibt beispielsweise Hermann Löns (1866–1914) über das Bissendorfer Moor – heute ein Naturschutzgebiet – : «Wer es [öde, traurig und verlassen] schimpft, der kennt es nicht. [...] Im Frühherbst, wenn die Heide blüht, dann gewinnt dem Moor jeder Mensch Geschmack ab, und auch im Spätherbst, wenn das Birkenlaub goldgelb leuchtet, findet man es schön. [...] Wen

→ Lebensraum Moor

Stimmungsvolle Niederungsmoorlandschaft

es aber gelüstet, aus dem Lärm der Stadt herauszukommen und einmal alleine zu sein, keine Menschen um sich zu sehen, die überall die Wälder füllen, der muss in das Moor hinauswallen.»

Zwischen tropfnass und staubtrocken

19← «Vielfältig und verschieden»

Moor und Heide nennt man oft (und auch in diesem Buch) in einem Atemzug, obwohl beide Lebensraumtypen, genauer betrachtet, nicht unbedingt ganz so eng zusammengehören und tatsächlich eher ein Gegensatzpaar bilden: Das Moor ist in seinem ökologischen Profil ein vom Wasser dominiertes Gelände, auf das zumeist auch die nicht allzu positiv besetzten Begriffe Morast und Sumpf passen. Eine Heide kann man dagegen durchaus zutreffend als Sonderfall eines Trockenbiotops auffassen.

Das legt eine saubere begriffliche Abgrenzung nahe, aber die gelingt nicht so ganz einfach. Sie wird unter anderem dadurch erschwert, dass beispielsweise sowohl auf der Heide als auch im Moor zahlreiche Vertreter der Heidekrautgewächse (Ericaceae) vorkommen. Mitunter liegen kleine Moore auch inmitten ausgedehnter Heidegebiete wie etwa im Fall der Dünentälchenmoore, die sich beispielsweise auf den Nordseeinseln in den Senken der verheideten Braundünenzüge verstecken. Umgekehrt können auch größere Moorflächen im Randbereich einen klaren Heidecharakter annehmen, und außerdem gibt es in der Vegetationskunde den – zugebenermaßen nicht besonders glücklich gewählten – Begriff der Heidemoore. Auf diesen Lebensraumtyp trifft man beispielsweise in der Wahner Heide, dem größten nordrhein-westfälischen Naturschutzgebiet, in das man unglücklicherweise den Großflughafen Köln-Bonn platziert hat.

33← «Vom Moor zur Heide»

Moore und **Heiden** sind, wie bereits gesagt, im Prinzip gänzlich gegensätzliche Lebensräume. Das zeigt sich klassischerweise in ihrer Entstehungsgeschichte: Moore sind natürlich gewachsene Lebensräume bzw. Lebensgemeinschaften. Sie sind gleichsam die letzten inselartig erhaltenen Reste eines in der Spät- und frühen

Nacheiszeit weitflächig verbreiteten Pflanzenkleides unserer Landschaften. Heiden sind dagegen im typischen Fall erst unter der Hand des wirtschaftenden Menschen entstanden, der mit Beginn der Jungsteinzeit seine Existenzsicherung von der jagend-sammelnden Aneignungswirtschaft auf die ortsgebundene Pflanzen- und Tierproduktion umstellte und die ersten bäuerlichen Kulturen etablierte. Mit der vor ca. 7000 Jahren auch in Mitteleuropa einsetzenden neolithischen Revolution begannen die frühen Siedlerkulturen die Wälder zu roden und Freiflächen für den Nutzpflanzenanbau zu schaffen. In der Folge wurde in Gebieten mit Sandböden der Oberboden durch Auswaschung in kurzer Zeit immer nährstoffärmer und verhalf so nur wenigen anspruchslosen Spezialisten unter den Pflanzen zur Flächendominanz – es entstanden erste **Heiden**. Heidegebiete sind somit Dokumente der Wirtschaftslandschaft früherer Jahrhunderte. Dennoch sind sie nicht nur im Blühaspekt, sondern auch in biologisch-ökologischer Hinsicht ungemein faszinierend.

→120 «Wenn die Heide blüht»

Fragen

- Was dokumentieren Heidelandschaften?
- Welche Bedingungen führen zur Entstehung eines Moors?

→190 Antworten

Links: Hochmoorgelbling *(Colias palaeno)*

Heidelandschaft

Brücher, Moore, Sümpfe

Lebensraum Moor

Überall auf der Erde befinden sich Wasser und Festland in ständigem Konflikt miteinander. Die sichtbaren Ergebnisse dieser Auseinandersetzungen sind die jeweiligen **Landschaftsbilder**. Schon das kleinste Rinnsal gräbt sich selbst eine Abflussrinne, der rauschende Bergbach legt mit der Zeit tiefe Täler an, und auch der breite behäbige Tieflandstrom modelliert immerfort an seinen Ufern herum. Noch eindrucksvoller zeigt sich das stetige Gerangel zwischen den bewegten und festen Elementen an den brandungsexponierten Meeresküsten. Gewöhnlich steht hier das Festland als eindeutiger Verlierer da.

Oftmals durchdringen sich Wasser und festländisches Lockermaterial gegenseitig und bilden dann Mischphasen, für die man im Alltag gerne die Bezeichnungen «Matsch», «Modder» oder «Morast» verwendet. Die fachwissenschaftliche Sicht der Bodenkundler, Geologen und Ökologen sieht es distanzierter: Sie weisen darauf hin, dass sich – zumal über wasserundurchlässigem Untergrund – Staunässe entwickelt. Zufließendes oder über die Niederschläge eintreffendes Wasser bleibt dadurch an Ort und Stelle. Es könnte allenfalls durch direkte Verdunstung seinen Weg zurück in die Atmosphäre antreten, aus der alles Oberflächen- und Grundwasser der Festländer letztlich stammt. Solche wassergesättigten Böden sind die wichtigste Voraus-

Blühende Sumpfwiese

setzung für die Entstehung der Feuchtgebiete vom Typ der **Sümpfe und Moore**, die weder richtige Gewässer noch eindeutige Festlandlebensräume darstellen, sondern irgendwo dazwischen einzuordnen sind.

→ Moorauge

Sumpf und Moor – ein «grund»legender Unterschied

Was aber unterscheidet einen Sumpf von einem **Moor**? Das wichtigste Unterscheidungsmerkmal betrifft das Schicksal der in einem solchen Lebensraum anfallenden abgestorbenen Pflanzensubstanz. In jedem Ökosystem fällt während und vor allem gegen Ende der Vegetationsperiode eine Menge organisches Material an. Besonders augenfällig ist dies im Laubwald: Kaum sind die Blätter im Frühjahr den schützenden Winterknospen entwachsen, rieseln kilogrammweise Knospenschuppen und wenig später die entbehrlichen Blüten(teile) auf den Waldboden. Geradezu dramatisch wächst das Abfalldepot am Waldboden im Herbst, wenn nach furiosem farblichem Finale der Laubfall einsetzt.

→19 «Vielfältig und verschieden»

Im Unterschied zur menschlichen Wirtschaft kennt die Natur allerdings keinen dauerhaften Abfall. Normalerweise macht sich ein Heer von Zersetzern über die anfallende organische Totsubstanz her und führt die darin enthaltenen Bestandteile in den allgemeinen Stoffkreislauf zurück. Perfekter könnte ein vorbildliches Materialrecycling gar nicht beschaffen sein!

In einem Sumpf schwanken die Wasserstände im Jahresgang, und eventuell trocknet der Boden auch einmal ganz aus. Dann hat der Luftsauerstoff überall freien

Sibirische Schwertlilie *(Iris sibirica)*

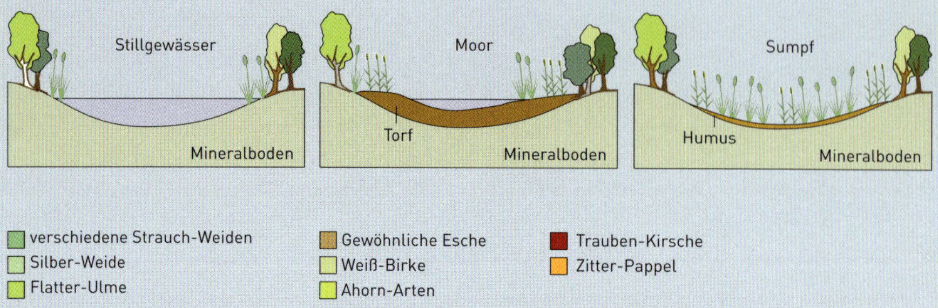

Zutritt zum abgelagerten organischen Material. In der Folge gelingt es den kleinen Bodenorganismen, die anfallende pflanzliche Totsubstanz in relativ kurzer Zeit – wie übrigens auch auf dem Laubwaldboden – vollständig abbauen. Sie häufen am oder im Sumpfboden daher nur eine dünne Humusschicht an, die aus (zunächst) nicht weiter abbaubaren Resten besteht.

Anders verhält es sich im Moor: Hier ist die die Wassersättigung des Bodens im Gegesatz zum Sumpf lage- und/oder klimaabhängig ziemlich konstant. Wegen des dadurch bedingten mehr oder weniger dauerhaften Sauerstoffmangels kann kein vollständiger Abbau der anfallenden organischen Totsubstanz stattfinden – es kommt also allenfalls zur Vermoderung bzw. zur Vertorfung (vgl. S. 40 ff.). **Torf** und Torfanhäufung sind somit die wichtigsten Kennzeichen eines Moores und unterscheiden es grundlegend vom Sumpf.

74← «Das Moor im Garten begraben?»

Beobachtungstipp – Moorleichen en miniature

Im Torf bleiben die angehäuften Pflanzenreste unter Sauerstoffausschluss unter Umständen viele Jahrtausende lang erhalten. Ein kleines Torfpaket – gegebenenfalls sogar aus der Bodenfüllung eines Blumentopfes – kann daher ein überraschend ergiebiges Untersuchungsgut für die (Stereo-)Lupe oder das Mikroskop sein. Neben pflanzlichen Makroresten (Blattepidermen, Leitbündelbestandteile) lassen sich in den Proben häufig auch Pollen oder Sporen finden (vgl. S. 128 ff.).

Fragen

- Was ist Torf?
- Was passiert mit dem Pflanzenmaterial in einem Moor?

190← Antworten

In Sümpfen findet anders als in Mooren keine Torfbildung statt.

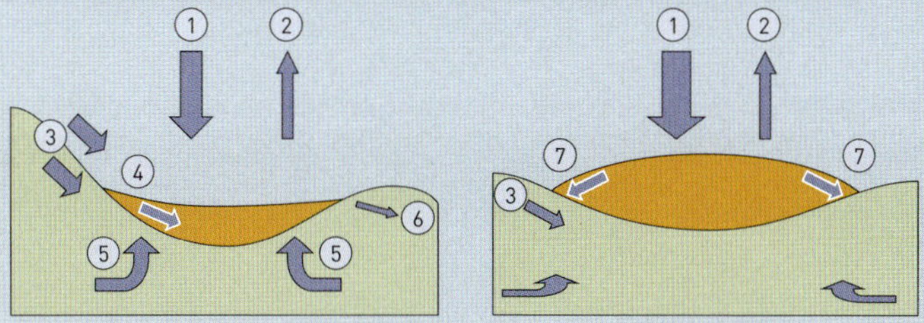

Grundwasserernährtes Niedermoor:
Bilanz ausgeglichen

Regenwasserernährtes Hochmoor:
Bilanz positiv

Vielfältig und verschieden

Genauso wie man von Wald oder Wiese spricht und dabei klar vor Augen hat, dass es grundverschiedene Wald- bzw. Wiesentypen gibt, verbirgt sich auch hinter dem Begriff Moor eine erstaunliche Bandbreite verschiedener Erscheinungsformen. Diese Vielfalt zeigt sich bereits in den entsprechenden Fachbegriffen wie Hoch- und Niedermoor, Hangmoor, Heidemoor, **Kesselmoor**, Durchströmungsmoor und vielen anderen. Aber auch die Regionalsprache kennt mancherlei Unterschiede: Filz und Moos (Bayern) oder Moos und Ried (Baden-Württemberg) sind gewiss nicht dasselbe. In Schweden unterscheidet man säuberlich *mosse* und *kärr*, im angelsächsischen Raum *bog* und *fen*, in Frankreich *marais* und *tourbière*. In den Niederlanden existiert allerdings nur der eine Begriff *veen*. Im relativ moorarmen Italien spricht man ebenfalls einheitlich nur von *palude*. Eine solche Vielfalt der Bezeichnungen erfordert eine klare Ordnung.

→30
«Eingetieft und abgeschlossen»

Die traditionelle Sicht

Eine einfache und für die Praxis überaus brauchbare Einteilung unterscheidet zwischen Nieder- und **Hochmoor**. Zugegebenermaßen wäre es verführerisch, die betreffenden Begriffsinhalte mit Niederungs- bzw. Höhenmoor zu umschreiben. Den entscheidenden Unterschied macht jedoch nicht die topografische Höhenlage im Tiefland bzw. im Gebirge aus, sondern die Art der Wasserzufuhr bzw. die Herkunft des Wasserüberschusses, weswegen man auch von einer hydrologischen Einteilung der Moortypen spricht.

→
Hochmoor

Ein **Nieder- oder Flachmoor** ist immer ein Grundwassermoor. Der jeweilige Moorstandort- bzw. -bildungsort erhält sein lebenserhaltendes Wasser aus dem Oberflächenabfluss und vor allem aus dem ganzjährig hoch anstehenden Grundwasser. Niedermoore sind somit generell grundwasserernährt – man nennt sie

→26
«Landschaftsprägende Niedermoore»

Wasserhaushalt der Moore: 1 Niederschlag, 2 Verdunstung, 3 seitlicher Zufluss, 4 seitliche Durchströmung, 5 Durchströmung von unten, 6 etwaiger Abfluss, 7 Abfluss in den Randsumpf

deswegen auch minerotroph. Sie entwickeln sich in feuchten Mulden und Senken, in Quellgebieten, in breiten Flussauen und vor allem in den Randbereichen von Seen. Der Begriff «Niedermoor» erklärt sich daraus, dass dieser Moortyp bevorzugt, aber nicht ausschließlich in der Niederungslandschaft (Tiefland) auftritt. Die Bezeichnung «Flachmoor» verweist dagegen auf die ebene Oberflächengestalt dieses Moortyps. Niedermoore können demnach auch durchaus im Gebirge vertreten sein. Gewöhnlich sind sie ziemlich nährstoffreich. Deswegen bezeichnet man sie im Unterschied zu den nährstoffarmen **Hochmooren** vielfach auch als Reichmoore.

23← «Regenernährte Hochmoore»

Nieder- oder Flachmoore sehen wegen ihrer unterschiedlichen landschaftlichen Einbindung und Entwicklung meist sehr verschieden aus. Man kann daher geradezu von einer Flachmoor-Typologie sprechen, wie sie auch in den Schemata der Abbildung unten auf dieser Seite zum Ausdruck kommt. Die ausgewählten Beispiele zeigen einige der wichtigsten Formen. Tatsächlich ist die Bandbreite an diesen besonderen Moortypen noch viel größer.

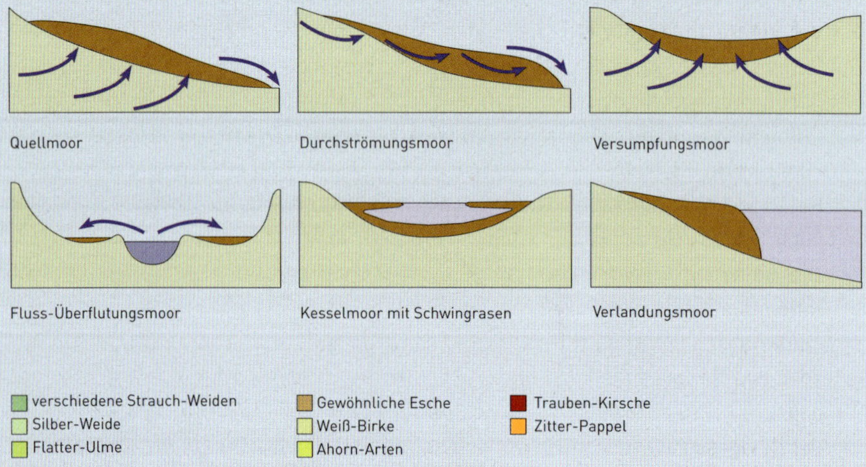

Schemata der verschiedenen Niedermoortypen

Beobachtungstipp – Unterschiede auf den ersten Blick

Für den Naturfreund ist es nicht immer einfach zu entscheiden, ob er gerade vor einem topogenen Nieder- oder einem ombrogenen Hochmoor steht. Letzte Zweifel räumt der Blick auf die vorherrschende Pflanzenwelt aus. Ein Niedermoor zeichnet sich fast immer durch eine üppige, artenreiche Vegetation mit großblättrigen Gräsern und Kräutern aus. Auffallend sind hier beispielsweise die eindrucksvollen Horste der Steifen Segge *(Carex elata)*. Häufig finden sich hier auch der Fieberklee *(Menyanthes trifolata)* oder sogar verschiedene Sträucher (Weiden der Gattung *Salix*).

Die Hochmoore zeigen dagegen eine eher spärliche und artenarme Vegetation, die hauptsächlich aus gelbgrünen, bräunlichen oder roten **Torfmoosen** (Gattung *Sphagnum*) besteht. Die wenigen hier wachsenden Zwergsträucher wie Rosmarinheide *(Andromeda polifolia)* oder Moosbeere *(Oxycoccus palustris)* sind ebenso klein- bzw. schmalblättrig wie die wenigen Vertreter der Riedgrasgewächse, darunter Scheidiges **Wollgras** *(Eriophorum vaginatum)* oder Weißes Schnabelried *(Rhynchospora alba)*.

→44 «Winzige Landschaftsgestalter»

→ Wollgras

Niedermoor in Norddeutschland

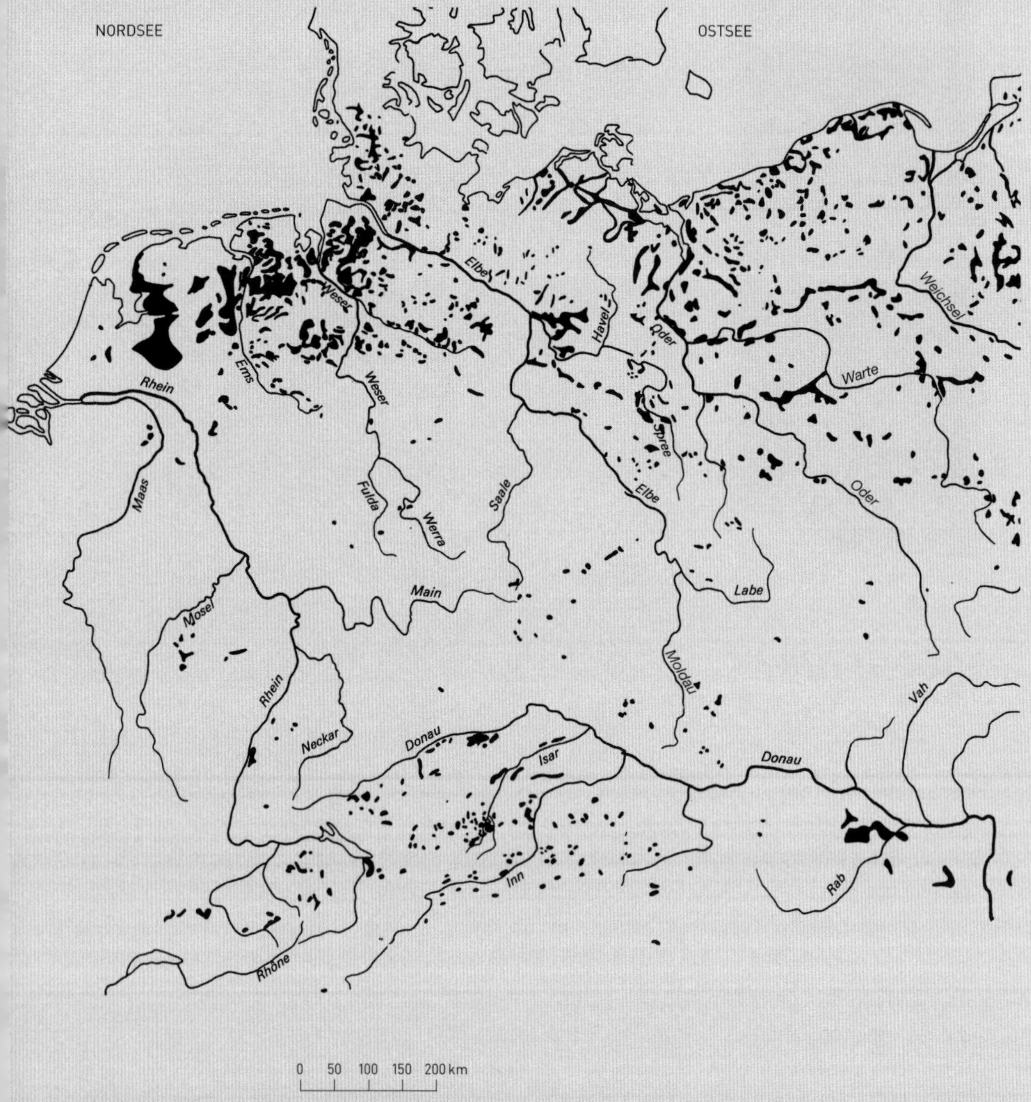

Darstellung der Moore
ab einer Flächengröße von ca. 300 ha

Die Moorlandschaften
im deutschsprachigen Raum

Regenernährte Hochmoore

In konstant niederschlagsreichen Gebieten konnte sich dagegen ein Moortyp entwickeln, der vom Grundwasserstand weitgehend oder sogar völlig unabhängig ist und nur vom Niederschlagswasser gespeist wird. Solche Moore bezeichnet man als ombrogen oder ombrotroph. Sie sind im Allgemeinen ziemlich nährstoffarm, weil Regenwasser von Natur aus kaum pflanzenverfügbare mineralische Nährstoffe wie Kalium-, Natrium-, Calcium-, Magnesium-Ionen enthält. Hoch- oder Regenmoore sind insofern überwiegend lagebedingt – sie konnten und können sich nur in zuverlässig regenreichen Gebieten entwickeln. Ihr Name erklärt sich aus ihrer eigenartigen Form: Die angesammelte, abgestorbene Pflanzensubstanz hebt die Mooroberkante deutlich über das ursprüngliche Geländeniveau hinaus. Die alsbald einsetzende **Torfbildung** riegelt den Moorkörper sogar vollends vom mineralischen Untergrund ab. Im Schnittbild erscheint ein solcher Moor- bzw. ein solcher Torfkörper daher deutlich gewölbt. Die Wölbung kann etliche Meter betragen. Je nach Grad der Oberflächenkrümmung unterscheiden Moorfachleute Planregenmoore (Küstenregionen Nordwestdeutschlands und der Niederlande) von den meist stärker aufgewölbten

→179 «Durch den Schornstein»

Niedermoor in den Alpen

Plateauregenmooren (Mittelgebirge, Alpenvorland und Alpen) und den sehr betont kuppelförmigen Schildregenmooren (beispielsweise im südöstlichen Ostseeraum). Letztere nennt man in Skandinavien nach einem finnischen Wort auch Kermimoore. Hochmoore müssen auch nicht unbedingt über einem ebenen Untergrund wachsen. Als Kammmoor kann ein Hochmoor auch kappenförmig eine Bergkuppe überkleiden oder sich in einen Sattel einschmiegen. Ferner gibt es im Bergland kleinere ombrogene Hochmoore, die sich mit stark asymmetrischem Profil an einen Hang anlehnen. In solchen Fällen gibt es nicht selten fließende Übergänge zu den topo- bzw. soligenen Niedermooren, weswegen man sie auch als Übergangsmoore bezeichnet.

Beobachtungstipp – Moorgewässer

Moorauge

Auf unregelmäßig wachsenden Hochmooren oder an Stellen, wo bei etwas geringerer sommerlicher Wasserführung dennoch eine gewisse Torfzersetzung eintreten kann, entwickeln sich kleine, vielfach nahezu kreisrunde Moorseen, die man je nach Region Kolke, **Mooraugen** oder Blänken nennt. Hier liegt sozusagen der regenbedingte Grundwasserspiegel eines Moorkörpers frei. An den oft steilen Uferrändern eines solchen Moorgewässers findet meist keine Schwingrasenbildung statt. Kolke bzw. Mooraugen wachsen mit dem sich entwickelnden Moor- bzw. Torfkörper allmählich in die Höhe. Ihr Wasserspiegel liegt zuletzt etliche Meter über dem Randsumpf (Lagg), der ein gewölbtes Hochmoor im Idealfall ringförmig umgibt. Solche Moorgewässer sind – wenn man sie denn tatsächlich gut und biotopschonend erreichen kann – außerordentlich ergiebige Kleinlebensräume für die Untersuchung mit **Lupe** oder Mikroskop.

56← «Sternenpracht im Moortümpel»

Moore sind dynamisch

Hochmoor

Die nach ihrem vorherrschenden Wasserregime unterschiedenen Moortypen Nieder- und **Hochmoor** stellen gleichsam nur die Eckpunkte einer breiten Palette von Möglichkeiten dar, wie und wo sich Moore entwickeln können. Allein in Mitteleuropa ist die Anzahl der regional unterscheidbaren Moortypen deutlich größer. Um diese Vielfalt in den Griff zu bekommen, verwendet man in der Vegetationskunde neben der Wasser- bzw. Nährstoffversorgung und anderen Einflussgrößen meist auch Merkmale der Entstehungs- bzw. Entwicklungsgeschichte oder die – für Nichtfachleute – in ihrer Begriffsvielfalt ziemlich unübersichtliche Gliederung nach pflanzensoziologischen Kriterien. Für die Zwecke dieses Buches ist sie völlig entbehrlich. Ein

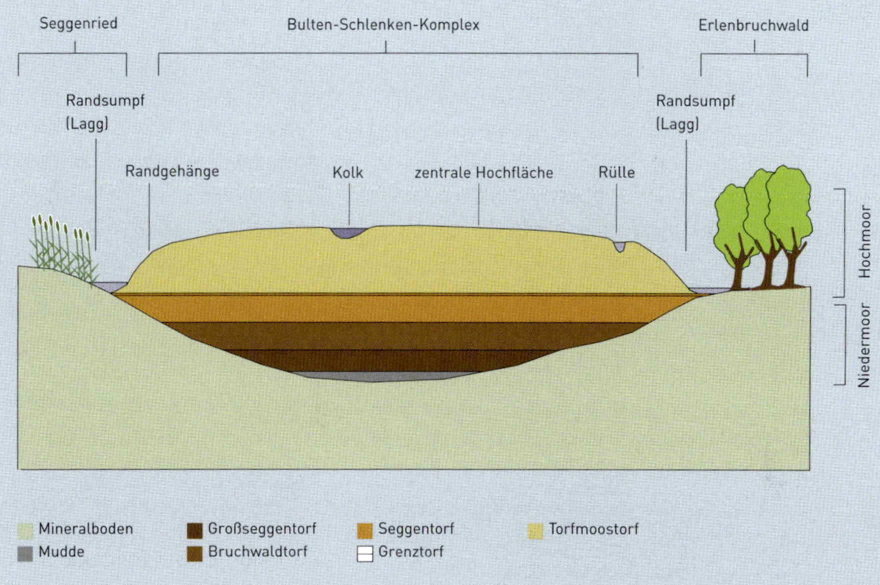

allgemein anerkanntes und verbindliches Einteilungsschema, das möglichst viele oder gar alle bisher beschriebenen Moortypen widerspruchsfrei darstellt, gibt es bislang ohnehin nicht. Die in der Grafik (S. 20) wiedergegebenen Möglichkeiten stellen insofern nur eine vereinfachende Übersicht dar.

Fragen

- Wieso können Hochmoore im Hochgebirge nur unterhalb der aktuellen Waldgrenze existieren?
- Was ist das Besondere eines Kondenswassermoors?

→190
Antworten

Aufbau eines Hochmoors (Schema)

Landschaftsprägende Niedermoore

In der Naturlandschaft Mitteleuropas stellen die verschiedenen Formen der grundwasserernährten Niedermoore die ausgedehntesten Moorkomplexe dar. Einst prägten sie das Bild ganzer Großlandschaften, vor allem im Alpenvorland und im breiten nordwesteuropäischen Tieflandgürtel. Derartige Moorlandschaften sind zum Glück immer noch bzw. zumindest in einigermaßen ansehnlichen Resten zu erleben. Je nach Entstehung und Wasserweg lassen sich bei den Niedermooren im Wesentlichen drei Haupttypen unterscheiden:

- Verlandungsmoore gehen aus meist flachen Seen oder Weihern hervor.
- Versumpfungsmoore entwickeln sich in oft abflusslosen Mulden oder Senken, in denen das Grundwasser über einem wassersperrenden Bodenhorizont oberflächennah ansteht. Ein Spezialfall dieses Niedermoortyps sind die Überflutungsmoore in den Flussauen.
- Hangmoore entwickeln sich im Bereich von Quellaustritten und werden daher oft auch als Quellmoore geführt. Man kennt bei diesen Mooren solche, die das Grundwasser lediglich durchströmt (= Durchströmungsmoore), und andere, die zumindest zeitweilig auch überrieselt werden (= Überrieselungsmoore).

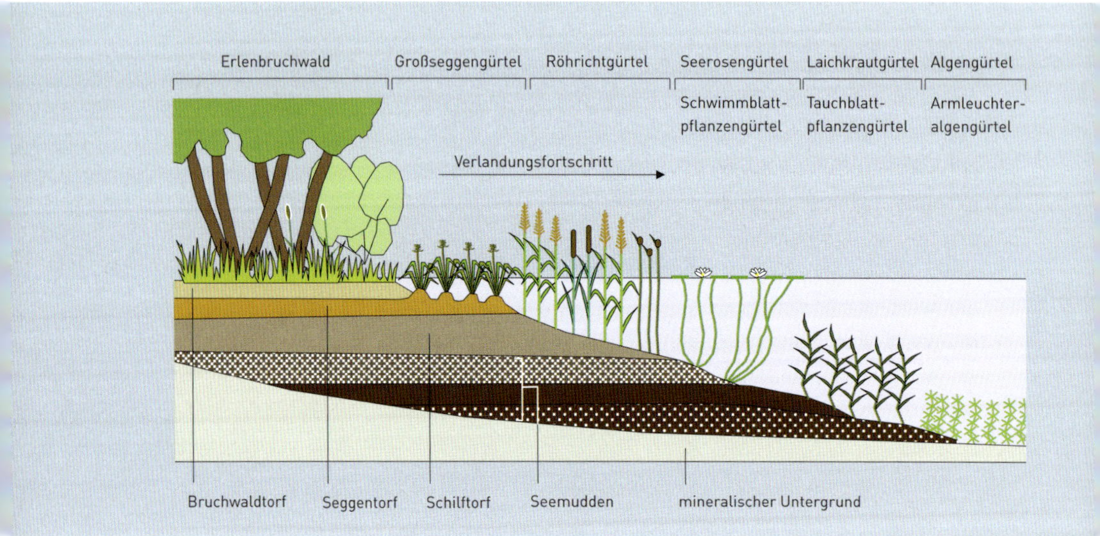

Verlandung eines nährstoffreichen (eutrophen) Sees

Wie Seen vergehen

Verlandungsmoore sind die Spätstadien von Stillgewässern. Durch jahrhundertelangen Eintrag von mineralischen Feinteilchen aus dem umliegenden Wassereinzugsgebiet, die sich am Gewässergrund absetzen, wird der Seeboden allmählich aufgehöht. Die Pflanzengürtel, die üblicherweise die Ufervegetation eines Sees zusammensetzen, darunter Schilf *(Phragmites australis)*, **Gelbe Sumpf-Schwertlilie** *(Iris pseudacorus)*, **Rohrkolben** *(Typha latifolia)* oder Schneide *(Cladium mariscus)*, schieben sich mit der Zeit immer weiter zur Gewässermitte vor und verkleinern damit die offene Wasserfläche. Zusätzlich können sich jetzt vom Uferbereich her verschiedene Braunmoose, Seggen (Gattung *Carex*) oder Blasenbinsen (Gattung *Blysmus*) ansiedeln und mit der Zeit einen Schwingrasen bilden. Darunter versteht man einen kompakten Vegetationskörper, der 1–2 m dick (mächtig) ist und wie eine Luftmatratze auf einem mehrere Meter tiefen Wasserkörper treibt.

→69 «Schnittige Schönheiten»
→ Rohrkolben

Wenn man ein solches Gebilde vorsichtig (!) betritt, reagiert es tatsächlich ebenso flexibel wie die Bespannung eines Trampolins. Schließlich kann der ursprüngliche Wasserkörper eines Stillgewässers gänzlich von abgestorbener pflanzlicher Biomasse eingenommen werden und somit vollends verlanden. Eine freie Wasserfläche existiert dann nicht mehr – der See ist sozusagen erblindet. Die meisten Seen in den großen eiszeitlich entstandenen Seenplatten (Alpenvorland, Norddeutschland) befinden sich in unterschiedlichen Verlandungsstadien.

Beobachtungstipp – Blumenparadies Streuwiese

Für Pflanzenfreunde sind die den Niedermooren im Aussehen recht ähnlichen Sumpf- oder Nasswiesen mit ihrem enormen und betont blumigen Artenreichtum eine besondere Freude. Ihren schönsten Aspekt zeigen sie im Frühsommer. Solange sie nicht gründlich entwässert sind, eignen sie sich nur bedingt für eine landwirtschaftliche Nutzung. In manchen Gegenden, darunter im Alpenvorland, hat man sie gewöhnlich nur zur Gewinnung von Stalleinstreu genutzt, weshalb man sie auch Streuwiesen nennt. Dazu wurden oder werden sie erst im Frühherbst gemäht (einschürige Mahd), nachdem die Frucht- bzw. Samenreife abgeschlossen war, was dem Lebensrhythmus der hier vorkommenden und meist sehr seltenen Arten entgegenkommt.

Bruch, Bruchwälder und Brücher

Im früheren Uferbereich verlandender Seen, wo der Grundwasserstand reliefbedingt immer noch sehr hoch ist, können sich nach der Verlandung eines Gewässers verschiedene Gehölze ansiedeln und fallweise ausgedehnte Bestände bilden. Eine der wichtigsten und am häufigsten dabei beteiligten Pionierarten ist die Schwarz-Erle *(Alnus glutinosa)*. Sie baut in vielen Moorgebieten die nach ihr benannten Erlenbruchwälder auf. Solche Bruchwälder sind außerordentlich artenreiche, wertvolle und unbedingt schützenswerte Lebensräume. Sie finden sich gebietsweise auch im direkten Umfeld von **Hochmooren**. →23 «Regenernährte Hochmoore»

In Nordwestdeutschland heißen die gehölzdominierten Bruchgebiete mehrheitlich *das* Bruch (beispielsweise das Naturschutzgebiet «Worringer Bruch» in einer ehemaligen Rheinschleife nördlich von Köln). Der in der Vegetationskunde üblicherweise verwendete korrekte Plural lautet (übrigens abweichend von den Empfehlungen in vielen Wörterbüchern) *die Brücher*.

Fragen

- Welche Niedermoore gibt es neben den erwähnten Haupttypen noch?
- Was ist ein Schwappmoor?
- Was ist ein Bruchwald?
- Welches ist der bekannteste Bruchwald/Moorwald der Erde? →191 Antworten

Links: Verlandender See

Erlenbruchwald unter Wasser (im Frühjahr)

Eingetieft und abgeschlossen

In Norddeutschland, wo sich am Ende der letzten Kaltzeit in den Eiszerfallslandschaften die Gletscherzungen in einzelne Blöcke auflösten, konnte sich das Schmelzwasser über wasserstauendem Grund in Toteislöchern (= Söllen) sammeln und kleine Seen bilden. Ein solches Toteisrelikt ist beispielsweise der rund 1 km^2 große Brahmsee in Schleswig-Holstein – mit nur knapp 9 m über Meeresniveau Deutschlands tiefstgelegener See. Seltener kommen in Norddeutschland auch andere kesselartige Vertiefungen vor: Sie gehen als Erdfälle auf spontane Einstürze im Untergrund zurück, wenn beispielsweise Lösungsvorgänge größere Hohlräume in den oberflächennah anstehenden Salzstöcken aus der Zechsteinzeit angelegt haben, die sich beim Zusammenbrechen bis an die Erdoberfläche durchpausten. Solche in Serie angeordneten Einbrüche sind beispielsweise die Gewässer im Naturschutzgebiet **Heiliges Meer** zwischen Rheine und Osnabrück. Der letzte größere Erdeinsturz ereignete sich hier im April 1913.

140← «Ein lebendes Moor besuchen»

Karsee im Schwarzwald

Den Toteislöchern vergleichbar sind die durch die aushobelnde Wirkung von Gletscherzungen im Hochgebirge entstandenen, oft abflusslosen Kare, in denen sich in der Nacheiszeit die malerischen Karseen entwickeln konnten. Karsee-Serien sind bis heute besondere Glanzpunkte der alpinen Landschaft und gern aufgesuchte Wanderziele. Je nach umgebendem Relief und davon abhängigem Stoffeintrag konnten sich auch in diesen Stillgewässern vom Rand her Niedermoore bilden und somit – nicht selten über Schwingrasen-Stadien – die allmähliche Verlandung einleiten.

Ein ganz heißer Start

Ein weiterer Moorstandort in unseren Breiten bilden die vulkanisch entstandenen Maare der Eifel im nordwestlichen Rheinischen Schiefergebirge. Sie gehen auf äußerst heftige Wasserdampfexplosionen zurück und bildeten sich immer dann, wenn relativ kühles, versickerndes Oberflächenwasser direkt mit aufsteigendem Magma in Berührung kam. Manchmal genügte bereits der Kontakt mit den Grundwasservorräten, nachdem sich die Gesteinsschmelze durch Fugen und Klüfte des Grundgebirges den Weg nach oben gebahnt hatte. Sobald glühender Gesteinsbrei von weit über 1000 °C mit Oberflächenwasser in Berührung kommt, entsteht augenblicklich Wasserdampf, dessen gewaltiger Druck sich explosiv entlädt. Er zerreißt und zertrümmert das einsperrende Gestein und sprengt einen weiten Maarkessel aus – fallweise mit bis zu 1km Durchmesser. Soweit die ausgesprengten Maarkessel abflusslos blieben, bildeten sich darin schon kurz nach ihrer Entstehung Stillgewässer. Nur wenige der über 50 heute bekannten Eifeler Maare führen aktuell einen Maarsee. Bei zwei dieser Seen – Holzmaar und Meerfelder Maar – läuft gegenwärtig erkennbar die Verlandung ab. In drei weiteren Maaren ist der Verlandungsprozess bereits abgeschlossen: Die lebende Pflanzendecke, die auch hier laufend den Nachschub für das **Torflager** unter ihren Füßen produziert, ist in diesem Fall also zum Maarmoor geworden.

→40 «Geschichtete Geschichte»

Moore im Kessel

Solche in überschaubaren napf- oder schüsselförmigen Geländevertiefungen gewachsenen Moorbildungen nennt man auch Kesselmoore. Interessanterweise ist ihre Entwicklung mit der Verlandung ihres Ausgangsgewässers nicht unbedingt abgeschlossen: In niederschlagsreichen und relativ kühlen Klimaten kann ein anfangs rein topogenes Moor sozusagen über sich hinauswachsen und zum ombrogenen **Hochmoor** werden. Dieser Wechsel vollzieht sich schrittweise, weshalb man die an ihrem charakteristischen Pflanzenkleid erkennbaren Zwischenstadien auch als Übergangsmoor bezeichnet. Zwischen- oder Übergangsmoore mit Hochmooranteilen können übrigens auch kleinflächig bzw. inselartig in allen übrigen Niedermoortypen vorkommen.

→ Hochmoor

Fragen

- › Wodurch zeichnet sich der Naturpark Hohes Venn-Eifel aus?
- › Was haben Toteisseen, Karseen und Maarseen gemeinsam?
- › Wer hat den Begriff vom Maarmoor geprägt?

191← Antworten

Kesselmoor in der Eifel (Dürres Maar)

Vom Moor zur Heide

In Mitteleuropa setzte die Moorentwicklung frühestens vor etwa 13 000 Jahren am Ende der (vorerst) letzten Kaltzeit (Würm-/Riss-Eiszeit) ein, nachdem die nordischen bzw. alpinen Gletscher genügend große Wasserkörper in der damaligen Tundrenlandschaft hinterlassen hatten und sich zudem ein Klimaregime entwickelte, das manchen Gebieten fast ganzjährig reichliche Niederschläge mit mindestens 700 mm pro Jahr bei relativ kühlen Sommern bescherte. Indessen liegt nicht bei allen mitteleuropäischen Mooren der Startpunkt am Ende der letzten Eiszeit. Fallweise setzte die Moorentwicklung

Heidegebiete sind Waldersatzstandorte

erst deutlich später ein, beispielsweise in breiten Flussniederungen, in denen das Fließwasser zunächst einmal größere Flutmulden auskolken und randlich abriegelnde Wälle aus Hochflutlehmen anhäufen musste. In solchen Geländesituationen bilden sich üblicherweise die ökologisch ungemein reizvollen Überflutungsmoore.

Von Natur aus kommt das Wachstum eines Niedermoores zum Stillstand, wenn das betreffende Gewässer vollständig verlandet ist. Viel häufiger haben jedoch in der Vergangenheit menschliche Eingriffe dem Moorwachstum ein vorzeitiges und jähes Ende gesetzt – entweder durch Entwässerung und Trockenlegung mit Folgenutzung als Ackerland oder Weidegrünland (Moorkultur) oder schlimmstenfalls durch **Abtorfung**. Viele Moore liegen heute inmitten der intensiv genutzten Kulturlandschaft. Sie werden demnach auch indirekt arg in Mitleidenschaft gezogen, wenn das umgebende Acker- oder Grünland mit Drainagegräben rigoros entwässert wird. Insofern stehen Moore als besonderer Lebensraumtyp generell auf der Roten Liste.

74← «Das Moor im Garten begraben?»

Lebensraum aus zweiter Hand

Eine blühende Heide, eine horizontweit in Pink versunkene Fläche ohne Felder, Wälder und Dörfer, mag vielen Beobachtern als ein Landschaftselement erscheinen, das vom Menschen noch nicht gebraucht, verbraucht oder missbraucht wurde. Zugegebenermaßen weckt der Anblick eines Schäfers, der mit wachsamem Hütehund gemessenen Schrittes seiner **Schnuckenherde** folgt, den Eindruck einer perfekten Harmonie zwischen Mensch, Tier und Natur. Diese Vorstellung ist leider grundfalsch. Die Heide ist meist eine Landschaft, die so nicht natürlich entstehen konnte. Vielmehr ist sie das Ergebnis einer systematischen Vergewaltigung durch ungezügelten Raubbau am Wald und anschließender Übernutzung durch Weidetiere. Nicht nur mit PS-starken Maschinenparks und giftspeienden Industrieanlagen kann man die Umwelt ruinieren. In der Vergangenheit schaffte das auch die traditionelle Landwirtschaft mit ihren keineswegs auf Nachhaltigkeit angelegten Nutzungsverfahren.

148← «Schnuckelig: Vierbeinige Landschaftspfleger»

Aber: Die Natur reagiert oft gnädig, und so auch im vorliegenden Fall: Mit den Heidegebieten entstanden Offenland-Lebensräume mit einer höchst eigenartigen Artenausstattung, in der es heute von Rote-Listen-Arten nur so wimmelt. Insofern ist ein nährstoffarmes Heidestück immer noch deutlich sympathischer als eine völlig überdüngte Rotationsmähweide, auf der sich nun überhaupt keine Artenvielfalt mehr einstellen kann.

Wichtige Lebensrauminseln

Heiden sind zwar in manchen Gegenden durchaus landschaftsprägend, aber nur selten so großflächig entwickelt wie etwa in der Lüneburger Heide oder in der niederländischen Hoge Veluwe. Meist sind sie ähnlich den anderen Trockenbiotopen wie Felsfluren, Magerrasen oder Schafhutungen als kleinere Biotopinseln in den

Flickenteppich der übrigen Kulturlandschaft eingefügt. Oftmals sind nicht einmal die vernetzenden bzw. verzahnenden Grenzen zum übrigen Offenland genau zu sehen, weil sich überall die Spuren der Überprägung der Landschaft durch den Menschen abzeichnen. Auf kalkigem Grund fällt der Artenreichtum von Heiden und übrigen Trockenbiotopen übrigens auffallend üppig aus. In den Sandgebieten mit ihren eher sauren Böden bleibt das Bild dagegen etwas verhaltener. Faszinierende Lebensräume sind sie aber in jedem Fall, denn hier kommen nur Lebensraumspezialisten vor, die – im Unterschied zu den Bewohnern der Moore – nicht primär auf eine geregelte Wasserversorgung vorbereitet sind. Solche Biotope wegen ihrer eingeschränkten land- oder forstwirtschaftlichen Nutzbarkeit als Öd- oder gar als Unland zu bezeichnen, ist aus der Sicht von Arten- und Naturschutz geradezu ein Frevel.

Fragen

› Wo konnten sich Heidelandschaften ohne menschliche Einflüsse bilden?
› Welcher Bodentyp ist für Heiden typisch?
› Wo gibt es bei uns natürliche Heidegebiete?

→192
Antworten

Verheidete Düne

Frühling

1
2
3
4
5
6
7
8
9

Einleitung Frühling

Wenn im Frühjahr die Tage endlich länger werden, die Sonne tagtäglich einen größeren Bogen am Himmel beschreibt und mit ihren Strahlen den Boden aufwärmt, erwachen auch die Moore und Heiden aus ihrem Winterschlaf. Dann geraten die Frösche in Hochzeitsstimmung und ziehen zu den Gewässern, in denen sie einst selbst aus dem Ei schlüpften. Die Brutzeit beginnt, die Zugvögel unter den Gefiederten kehren aus den südlichen Gefilden zu uns zurück. Auf den traditionellen Balzplätzen finden sich nun auch die Birkhühner ein. Dort führen die Hähne vor den Augen der Hennen ihre beeindruckenden Schaukämpfe vor. Die Blumen öffnen ihre bunten Kelche und Kronen, und die Luft füllt sich so langsam mit dem Summen und Brummen, Zirpen und Flattern der Insekten. Jetzt aber nix wie raus ins Moor und auf die Heide – dort warten erlebnisreiche Stunden auf Sie!

Geschichtete Geschichte

Torf wächst im Moor schichtweise. Die jüngste Torfschicht steht jeweils dicht unter der aktuellen Oberfläche an. Schon früh muss das **Naturgut Torf** den Bauern aufgefallen sein, wenn sie versuchten, die Mühsal der Waldrodung zu umgehen und lieber gleich ein bereits von Natur aus waldfreies Gelände in Kultur zu nehmen. Was Torf wirklich ist, blieb aber lange Zeit rätselhaft. Erst im 18. Jahrhundert kann man in einer in den Niederlanden erschienenen Schrift die zutreffende Vermutung lesen, dass Torf eine «Zuhauffsammlung unzehliger in und unter dem sumpfhaften Wasser [...] grünenden Gewächse (vegetabilische Dinge) sey».

74← «Das Moor im Garten begraben?»

Drei verschiedene Routen

Die organischen Reste toter Lebewesen werden in der Natur auf verschiedenen Wegen zersetzt und dabei so remineralisiert, dass ihre Bestandteile wieder den natürlichen Stoffkreisläufen der erneuten Nutzung zugeführt werden. Der effektivste Weg ist der in Anwesenheit von freiem Sauerstoff aus der Luft ablaufende Abbau. Zersetzer (Destruenten) aus allen möglichen Verwandtschaftsgruppen, vor allem

Hand-Torfstich mit Torfsoden

Rechts: Torfabbau im Hochmoor

Bakterien und Pilzen, bauen im Moor das organische Material vollständig zu Kohlenstoffdioxid (CO_2) und Wasser (H_2O) sowie den im Totmaterial steckenden mineralischen Komponenten (Phosphate, Stickstoffverbindungen, Kationen) ab. Zurück bleiben allenfalls die auch für Mikroorganismen nur schwer angreifbaren dunkelbraunen bis schwärzlichen Huminstoffe, die aus pflanzlicher Cellulose und aus dem Holzstoff Lignin hervorgehen. Deren chemische Struktur ist so unübersichtlich, dass kein Naturstoffchemiker dafür eine brauchbare Formel angeben kann.

Der zweite Abbauweg ist die Vermoderung. Sie läuft bei Sauerstoffmangel ab und ist als unvollständige Verwesung aufzufassen, die mengenweise schwer zersetzbare Biomasse zurücklässt. Auch hierbei entstehen dunkle Huminstoffe. Unter weitgehendem **Sauerstoffausschluss** machen sich anaerob lebende Bakterien über

→177 «Moorleichen: Haut ohne Knochen»

die organische Totsubstanz her, können dabei aber auch nur bestimmte Anteile zerlegen. Sie setzen bei ihrer Abbautätigkeit übel riechende Faulgase wie Schwefelwasserstoff (H_2S) und geruchloses Methan (CH_4) frei. Diesen dritten Abbauweg bezeichnet man als Fäulnis.

Bei der Vertorfung wirken Vermoderung und Fäulnis zusammen. Im oberflächennahen Bereich eines Moores vermodern die abgestorbenen Pflanzen, im unteren, wirksamer vom Luftsauerstoff abgeriegelten Bereich unterliegen sie eher der Fäulnis. Während sich im Waldboden ein reiches Tierleben an der Verarbeitung des jährlichen Falllaubs beteiligt, spielen Kleintiere bei der Zersetzung im **Moor** überhaupt keine Rolle. Diese treten erst nach der rigorosen Entwässerung eines Moores auf den Plan.

← Lebensraum Moor

Beobachtungstipp – Torf im Profil

An einem frischen Anschnitt, beispielsweise in einem kleinen bäuerlichen Torfstich, lässt sich sehr schön die Schichtenfolge zumindest in gewissen Anteilen ablesen. Sie erzählt gleichsam die Geschichte des betreffenden Moores und enthält gegebenenfalls auch bemerkenswerte Objekte, für die sich die **Moorarchäologie** interessiert. Jedes Jahr wächst ein Torflager im Durchschnitt um etwa 1 mm. Die Basis eines etliche Meter mächtigen Torfpakets reicht also weit zurück in die Vorgeschichte und stammt meist aus einer Zeit, als die griechisch-römische Antike noch Zukunft war.

173 ← «Ein nasses Geschichtsbuch»

Schichtenfolge im Moor: Die ältesten (untersten) Lagen entstanden vor etwa 12 000 Jahren. Auf einem verlandenden See wuchs ein Niedermoor und entwickelte sich zum Hochmoor weiter.

Vielerlei Mischungen

Moore bestehen je nach Lage aus verschiedenen Pflanzengesellschaften mit unterschiedlicher Artenzusammensetzung, die sich auch innerhalb eines Moorkomplexes vom Rand zur Mitte ablösen können. Entsprechend sind auch die daraus hervorgehenden Torfkörper recht verschieden zusammengesetzt. Streng genommen gibt es also nicht *den* Torf, sondern viele verschiedene Varianten.

Wenn man sich allerdings die Torfmischungen in den bunten Plastiksäcken aus den Gartencentern anschaut, wird man diese Vielfalt jedoch kaum noch erkennen. Bei der Herstellung von Kultursubstrat für den Gartenbau wird der beim industriellen Abbau gewonnene Torf zerkrümelt und gesiebt, sodass kaum noch Makrobestandteile erkennbar sind.

Beobachtungstipp – Makroreste unter dem Mikroskop

Auch wenn der **Tütentorf** für den Gartenbau für genauere Untersuchungen weniger ergiebig ist als eine frisch aus dem Anschnitt mitgebrachte Materialprobe, verspricht er beim genaueren Hinsehen mancherlei Überraschungen. Zur mikroskopischen Betrachtung wässert man die Probe einige Stunden lang in einer Schale und untersucht sie in kleinen Portionen unter der Stereolupe (Binokular) oder unter dem Mikroskop. Außer vielerlei Pflanzenteilchen (beispielsweise Torfmoosblättchen) finden sich nicht selten auch Samen oder Früchte der Torfpflanzen und als besondere Fundstücke fallweise auch Insektenteile.

→74 «Das Moor im Garten begraben?»

Fragen

- Wie lange braucht Torf zur Entstehung?
- Worin unterscheidet sich Weiß- von Braun- und Schwarztorf?
- Womit kann man den Brennwert von Torf vergleichen?

→192 Antworten

Winzige Landschaftsgestalter

Von vielen Pflanzen kennt man das und wundert sich nicht weiter darüber: Die hochwüchsigen Sträucher und Bäume bilden auffällige in die Flur eingestreute Gehölzinseln, schließen sich zu größeren Waldstücken zusammen oder überdecken als ausgedehnte Wälder weite Gebiete. Somit bestimmen sie wesentlich das Landschaftsbild. Aber auch Grasfluren wie Wiesen und Weiden mischen in der vom Grünland dominierten Kulturlandschaft kräftig mit. Können aber auch unscheinbare Moose Landschaftsgestalter sein? Wenn man das übliche Bild eines nicht einmal fingerlangen Moospflänzchens vor Augen hat, ist kaum vorstellbar, dass auch diese zarten Vertreter des Pflanzenreichs das Erscheinungsbild ganzer Landstriche bestimmen können: Selbst die auch in Mitteleuropa ursprünglich einmal großflächigen **Moore** entwickelten sich nur unter maßgeblicher Beteiligung von Moosen.

26← «Landschaftsprägende Niedermoore»

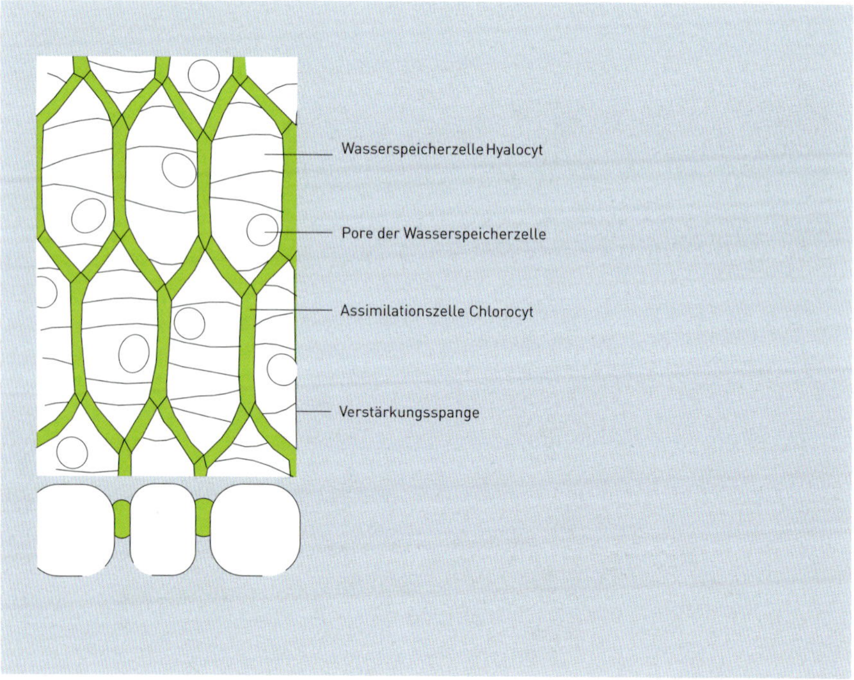

Aufbau eines Torfmoosblättchens in der Aufsicht (oben) und im Querschnitt (unten)

Rechts: Fruchtendes Torfmoos in Nahaufnahme

Moose bestimmen den Aspekt

In den Niedermooren sind es zumeist solche Laubmoose, die man wegen ihrer vorherrschend bräunlichen Färbung als Artengruppe der Braunmoose zusammenfasst. Hierher gehören vor allem Vertreter der Gattungen *Aulacomnium, Calliergon, Cratoneurum, Drepanocladus, Paludella* und *Scorpidium*. Die meisten von ihnen tragen nicht einmal allgemein akzeptierte deutsche Artnamen, weil sie dem Blick (und damit der Interessenlage) gewöhnlich weit entrückt sind. Im Hochmoor beherrscht dagegen eine gänzlich andere Laubmoos-Verwandtschaft das Bild. Hier sind es ganz überwiegend die verschiedenen Arten von nur einer Moosgattung: Die Torfmoos-Arten (*Sphagnum* spp.). Ein **Hochmoor** könnte man somit geradezu als riesiges, wassergesättigtes Torfmoospolster auffassen.

→23 «Regenernährte Hochmoore»

Beobachtungstipp – Jedes an seinem Platz

In Mitteleuropa kommen ungefähr 30 verschiedene Torfmoos-Arten vor, deren artgenaue Bestimmung in den meisten Fällen schwierig und ohne mikroskopische Untersuchung fast unmöglich ist. Die meisten unterscheiden sich jedoch ein wenig in ihren ökologischen Ansprüchen. Die gelblich grünen Arten *Sphagnum cuspidatum* oder *Sp. balticum* schwimmen im **Moorwasser** oder ragen nur ganz wenig über die Wasseroberfläche hinaus. Die oft intensiv rot gefärbten Arten *Sp. magellanicum* und *Sp. rubellum* sowie das bräunliche *Sp. fuscum* besiedeln dagegen nur die kleinen hügelartigen Erhebungen. Unter lichtem Gehölzbestand vorkommende und meist grasgrüne Torfmoose sind *Sp. palustre*, *Sp. recurvum* und *Sp. squarrosum*. Schließlich gibt es auch Arten, die bevorzugt auf stärker abtrocknenden Stellen zu finden sind, wie zum Beispiel das etwas rotscheckige *Sp. nemoreum* oder *Sp. compactum*.

→ Moorauge

Grün oder bleich

Lebensraum Hochmoore

Torfmoose sind außerordentlich wirksame Wasserspeicher und gleichsam die Wasserreservoire der **Hochmoore**. Auf die zahllosen Kapillar- und Porenräume im Stängelgewirr eines ausgedehnten *Sphagnum*-Polsters geht jedoch nur ein Teil der enormen Wasserspeicherfähigkeit zurück. Ungleich wirksamer für die Zurückhaltung von Niederschlagswasser ist die unter den Moosen sonst nur selten verwirklichte Blättchenkonstruktion. Wenn man Stämmchen- oder Astblätter vorsichtig abzupft und bei mittelstarker Vergrößerung im Mikroskop betrachtet, erkennt man ein sehr eigenartiges, aber hochgradig geordnetes Muster, an dem sich nur zwei verschiedene Zellsorten beteiligen: Die leicht geschwungenen, ziemlich schmalen und grünen Chlorozyten umschließen jeweils die ungleich breiteren, durchsichtigen Hyalozyten. Diese manchmal auch Hyalin- oder einfach Wasserzellen genannten Strukturen sind im funktionstüchtigen Zustand tot und leer. An den Stämmchen zeigen sie bei vielen Arten eine andere Form: Sie sind wie hängende Laborgefäße angeordnet und heißen deswegen auch Retortenzellen.

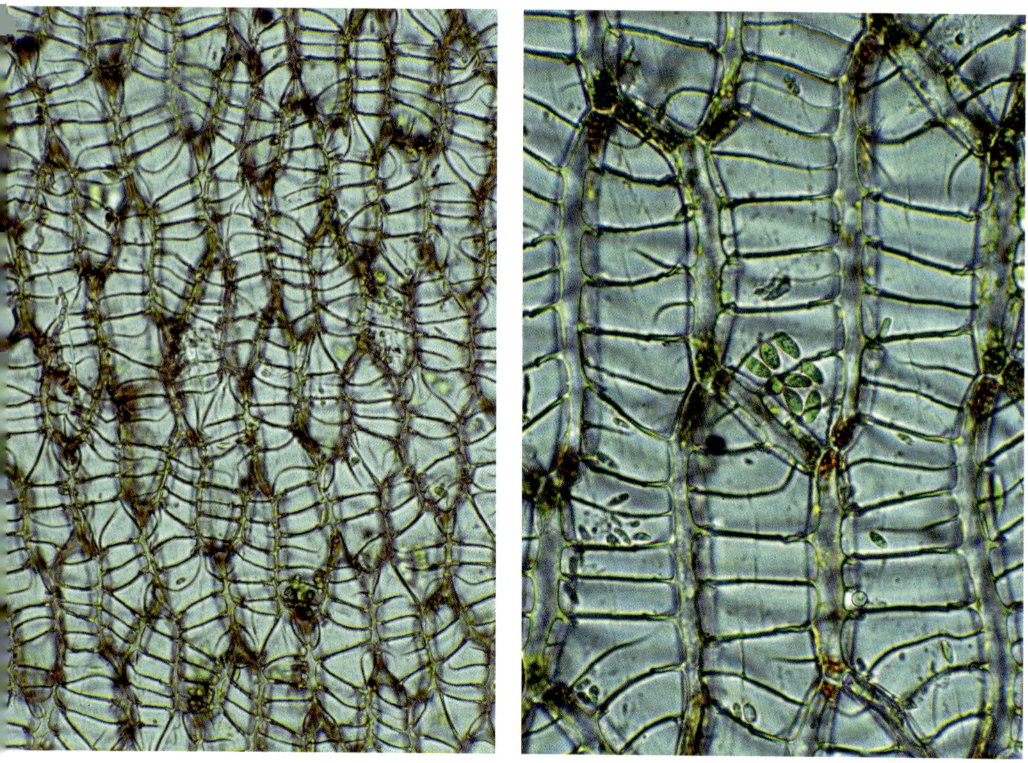

Mikro-Aufnahmen von *Sphagnum*-Blättchen

Poren zur Außenwelt

Nach außen sind die farblosen Hyalozyten über große Poren geöffnet – es sind begrenzte, meist nur 3–25 µm breite rundliche Wanddurchbrechungen bzw. -auflösungen. Größe, Anzahl und Anordnung sind für die artgenaue Bestimmung einzelner Arten(gruppen) wichtig. Im mikroskopischen Präparat lassen sie sich deutlich und kontrastreich darstellen, wenn man sie mit normaler Schreibtinte anfärbt. Völlig ausgetrocknet sind die Hyalozyten dagegen mit Luft gefüllt. In diesem Zustand sehen die Torfmoose fahl bis fast weißlich aus, was ihnen auch den Namen Bleich- oder Weißmoose eingetragen hat. Da ihr Wasserpotenzial dann sehr weit im negativen Bereich liegt, saugen sie auftreffendes Niederschlagswasser außerordentlich rasch und bereitwillig auf. Die Poren erleichtern und beschleunigen diesen rein passiven, nur über Kapillarkräfte gesteuerten Vorgang. Artabhängig können die Torfmoose bei sättigender Wasseraufnahme ihr Eigengewicht um das 30-fache steigern. Für die stoffwechselaktiven Chlorozyten stellen die im Zellnetz eines Blättchens jeweils flankierenden Hyalozyten unentbehrliche Wassertanks dar, mit denen sie auch

Makroaufnahme einer Torfmoosspitze

weniger niederschlagsaktive Perioden überbrücken können. Über die Hyalozyten, die eine starke innere Oberflächenvergrößerung leisten, erfolgt auch die Aufnahme von Kationen unter gleichzeitiger Abgabe von H^+-Ionen (Protonen), weswegen die Torfmoose ihre Standorte allmählich und nachhaltig ansäuern.

Wasserzellen sind Mini-Aquarien

Dieser bemerkenswerte Effekt nutzt der einzelnen Torfmoospflanze über eine Art Selbstverstärkung allerdings nur im größeren Verband und hat damit gleichzeitig Bedeutung für das gesamte Moorökosystem. Letztlich hängt davon nämlich die gesamte komplexe Lebensgemeinschaft eines Hochmoores vom **Sonnentau** bis zur Libellenlarve ab. Außerdem hat die Feinstportionierung des Wassers in einem *Sphagnum*-Polster auch noch eine ganz andere Dimension. Viele der über eine oder mehrere Poren und oft sogar allseitig zugänglichen Hyalozyten erweisen sich bei gezielter Nachsuche als attraktive und auch tatsächlich bewohnte Kleinsthabitate, in denen man häufig eine arten- und typenreiche Auswahl an Mikroorganismen erwarten kann. In der linken Aufnahme auf S. 46 kann man solche winzigen Zellinsassen sehen. Nach bisherigem Kenntnisstand finden sich hier nicht nur Arten ein, die auch im Freiwasser eines Moorgewässers vorkommen, sondern auch vielerlei Spezialisten, die nur die Hyalozyten bewohnen. Dieser besondere Lebensraum und seine Artenbestückung sind schon seit Langem als Materialquelle für recht ungewöhnliche Einzeller bekannt. Cilaten, Amöben, Flagellaten, einzellige **Algen** und weitere Kleinorganismen sind hier mitunter arten- und individuenreich vertreten. Da sie sich nahezu ungehindert zwischen den einzelnen Hyalozyten fortbewegen, liefern sie gleichzeitig den visuellen Beweis dafür, dass die Wasserzellen tatsächlich ein zusammenhängendes Hohlraumsystem darstellen. Auch Pilzhyphen, die sich hier nicht selten einfinden, kann man gut von Kammer zu Kammer verfolgen.

89← «Pflanzen auf Kleintierjagd»
← Sonnentau
← Grünalgen

Fragen

- Wie reagieren Torfmoose in Trockenzeiten?
- Sind Torfmoose zu unbegrenztem Wachstum fähig?

192← Antworten

Wenn Frösche blaumachen

In stark sauren Hochmooren wird man die sonst relativ häufigen Gras- sowie Wasserfrösche und auch sonst kaum Amphibien antreffen: Ihre empfindliche und stoffwechselaktive Haut kann die viel zu niedrigen pH-Werte des Wassers einfach nicht bewältigen. Selbst der Moorfrosch meidet diese Gewässer. Nährstoffreiche Moortümpel und **Heideweiher**, dazu auch Grünlandkleingewässer, Gräben und Altarme sucht er dagegen als Laichgewässer sehr gern auf. Sein wissenschaftlicher Name *Rana arvalis* bedeutet wörtlich Acker- oder Feldfrosch. Das lässt den Schluss zu, dass sich sein Lebensraumspektrum nicht auf Niedermoore oder Moorwiesen beschränkt. Tatsächlich bevorzugt er Auen- und Bruchgebiete, feuchtes Grünland und sogar lichte Kiefernbestände, wenn sie viel krautigen Unterwuchs aufweisen. Westlich des Rheins kommt er nur in den Niederlanden vor. In der Schweiz fehlt er. Im östlichen Mitteleuropa, in Osteuropa und in großen Teilen Skandinaviens ist er eine recht häufige Erscheinung. Sein Verbreitungsgebiet erstreckt sich weit nach Norden und Osten bis in das Altaigebirge.

→56 «Sternenpracht im Moortümpel»

Moorfrösche im Teich

Beobachtungstipp – Leicht zu erkennen

Der leicht spitzköpfige Moorfrosch wird selten länger als 6 cm. Auf der Oberseite ist er bräunlich und trägt meist dunklere Flecken. Die Bauchseite ist immer deutlich heller. Hinter den Augen erstreckt sich ein großer dunkelbrauner Schläfenfleck, in dem das relativ kleine Trommelfell liegt. Vom häufigen, etwas plumpköpfigen **Grasfrosch** unterscheidet ihn ein helles, beidseits dunkler abgesetztes Band, das sich über den ganzen Rücken erstreckt. Mitunter wird er mit dem deutlich südlicher verbreiteten Springfrosch verwechselt, doch besitzt dieser ein fast augengroßes Trommelfell.

Grasfrosch

Nur die Männchen werden blau

Moorfrosch

Alle in Mitteleuropa heimischen Froscharten sind entweder Braun- oder Grünfrösche. Auch der **Moorfrosch** gehört unzweifelhaft in die Untergattung der Braunfrösche. Während der Paarungs- und Laichzeit (ab März) legen sich die Männchen allerdings ein sehr auffälliges Kleid an: Sie sind dann für nur wenige Tage leuchtend himmelblau. Sogar der Bauch und die Beinunterseiten können dabei kräftig hellblau verfärbt sein. Dieses Hochzeitskleid ist von keiner anderen Art in der Gruppe der Braunfrösche bekannt. Wie diese Färbung zustande kommt, weiß man noch nicht. Auch ist überhaupt noch nicht verstanden, welchem Zweck die auffällige, nur kurzfristig bestehende Färbung dient. Sie könnte ein arttypisches Erkennungssignal für die paarungsbereiten Weibchen sein oder mögliche Rivalen auf Distanz halten. Allerdings findet man mitunter mehrere verblaute Männchen dicht bei dicht in einem

Moorfrösche bei der Paarung – nur die Männchen werden blau

Rechts: Kaulquappen – hier vom Grasfrosch

kleinen Laichgewässer. Ihre Paarungsrufe erinnern an ein leises Blubbern und hört sich völlig anders an als das lautstarke Quaken der Grünfrösche.

Beobachtungstipp – Leiser Auftritt

Im Frühjahr sollte man sich verdächtigen Laichgewässern nur sehr vorsichtig mit sachten Schritten und in gebückter Haltung nähern – die Tiere sind extrem scheu. Am besten lassen sie sich aus größerer Entfernung mit dem Fernglas beobachten. Ab Juli findet man auch frisch verwandelte Jungfrösche in der Ufernähe des Laichgewässers.

Riskantes Dasein

Bis etwa 2000 braunschwarze Eier legt das Weibchen im Anschluss an die nur sehr kurze Fortpflanzungsperiode im Laichgewässer in einem faustgroßen Ballen ab. Nach dem Ablaichen wandern die erwachsenen Tiere in ihre Sommerlebensräume ab. Als Nahrung dienen ihnen hier Schnecken, Spinnen, Tausendfüßer und Springschwänze. Fraßfeinde des Moorfroschs sind viele Vögel und Kleinsäuger sowie unter den Reptilien **Ringelnatter** und Kreuzotter.

→71 «Von Nattern und Vipern»

→ Ringelnatter

Fragen

- Wo verbringen Moorfrösche den Sommer?
- Zu welcher Tageszeit rufen die Moorfrösche in den Laichgewässern am häufigsten?

→193 Antworten

Wie man in die Binsen gerät

Wenn der Winter definitiv vorbei ist und sich neues Pflanzenwachstum regt, legt auch das Moor seine monatelang vorherrschenden fahlgelben bis bräunlichen Farbtöne kurzfristig ab und überzieht sich mit saftigem hellem Grün. Es ist der sichtbare Ausdruck dafür, dass wieder ein neuer Produktionszyklus beginnt. Sowohl im Nieder- als auch im Hochmoor sind an diesem markanten Aspektwechsel grasartige Pflanzen beteiligt – durchweg schlanke Gestalten mit langen Halmen und schmalen Blättern. Die Grasgestalt als solche zu erkennen, ist auch für den Nichtfachmann sicherlich kein Problem. Die verschiedenen Arten auseinanderzuhalten, ist schon eher eine Herausforderung. Aber die ist zu bewältigen, wenn man die betreffenden Arten nur ein wenig genauer anschaut. Selbst erklärte Pflanzenfreunde halten die Gräser im weitesten Sinne für relativ merkmalsarm und daher schlecht bestimmbar. Wenn man sich jedoch das Gesamtbild einer solchen Pflanze einprägt, wird man sie umso leichter wiedererkennen.

Ein Bult und eine Schlenke im Hochmoor

Nicht nur grün oder grau

Die Alltagssprache unterscheidet zwar oft zwischen Gräsern und Kräutern, aber biologisch besteht dieser begriffliche Gegensatz nicht unbedingt. Auch **Gräser** können sich durchaus krautig gewanden. Ihre Unterschiede zu anderen Pflanzentypen sind am ehesten mit bestimmten Bauplanmerkmalen zu umreißen. Unter Kräutern versteht man üblicherweise buntblumige, mit gestielten, flächig ausgebreiteten Blättern ausgestattete und zuweilen reich verzweigte Pflanzen. Zum Bild eines typischen Grases gehören dagegen eine schlanke Gestalt mit hohem Halm, eine Anzahl schmaler, streifennerviger Laubblätter und weitgehend unauffällige Blüten oder Blütenstände. Biologisch bzw. bauplantechnisch stellt sich der Unterschied so dar, dass die «klassischen» Kräuter mehrheitlich zu den zweikeimblättrigen Pflanzen gehören, während die **Gräser** allesamt eine besondere Verwandtschaftsgruppe innerhalb der Einkeimblättrigen bilden.

→ Verschiedene Wollgräser

→80 «Wollgräser bestimmen das Bild»

Einfach schön

Die Blüten der Gräser, die gewöhnlich in ein- bis mehrblütigen Ährchen angeordnet sind, erscheinen nur deswegen so unattraktiv einfach, weil sie auf Windbestäubung setzen und folglich jede auffällige Reklame für tierische Pollenspediteure entbehren können. Funktionell beschränken sich die Grasblüten auf das Notwendigste und bestehen im Wesentlichen nur aus Staubbeuteln und Fruchtknoten sowie deren schützender Verpackung (Spelzen). Ihre besondere Schönheit erschließt sich erst bei Betrachtung ganz aus der Nähe. Selbstverständlich kommt auch in einer Grasblüte eine umfängliche Farbpalette von Schneeweiß über Schwefelgelb, Zartrosa und diverse Grünnuancen bis hin zu Dunkelviolett zum Einsatz. Obwohl Grasblüten im Allgemeinen sehr klein sind und höchst eigenartig aufgebaut erscheinen, kann man sie rein formal sehr leicht vom überschaubaren Blütenbau einer Tulpe oder Lilie ableiten.

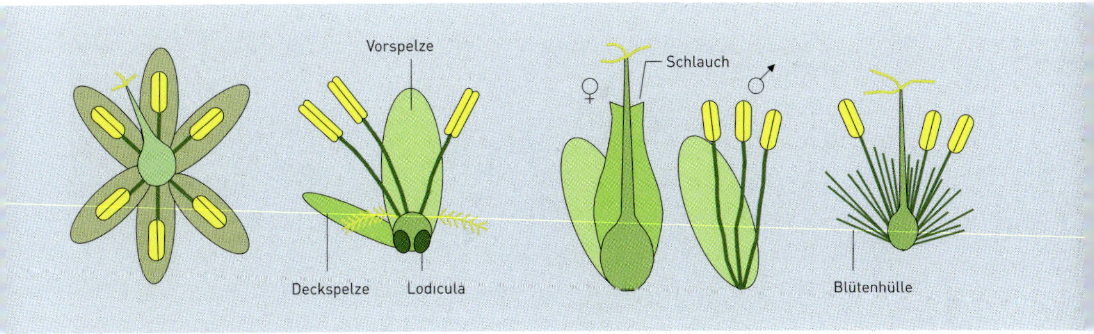

Blütenaufbau grasartiger Moorpflanzen: Binse (ganz links), Süßgras (links), Segge (rechts) und Wollgras (ganz rechts)

Die artenreiche Verwandtschaft von Quecke, Schwingel oder Trespe fasst man botanisch in der Pflanzenfamilie Süßgräser (Poaceae) zusammen – ein Familienname, der geschmackliche Zusammenhänge unterstellt, aber einen landwirtschaftlichen Hintergrund hat. Viele Gräser dieser Familie stellen nämlich als Grünmaterial oder Heu wichtige Futterpflanzen der Weidetiere und dienen damit der Milch- bzw. Fleischproduktion. Auch als Nahrung für Wildtiere sind sie von besonderer Bedeutung.

Beobachtungstipp – Die Blüten der Moorgräser – ein Fall für die Lupe

Vom Frühjahr bis in den Herbst findet man in Moor oder Heide immer irgendwelche Süßgräser, Riedgräser oder Binsen, die gerade blühen. Aber selbst wenn die Blütezeit vorbei ist und die betreffende Art bereits fruchten sollte, bietet sie immer noch ihre kennzeichnenden Unterscheidungsmerkmale. Erst in der Lupendimension zeigen sie die grazile Eleganz ihrer Bauteile und die familientypischen Konstruktionen.

Die vom Landwirt als Sauergräser bezeichneten Arten bilden dagegen eine eigene, mit den Poaceae nicht einmal näher verwandte Familie. Ihre (landwirtschaftliche) Bezeichnung erhielten sie, weil das Weidevieh sie gewöhnlich verschmäht – botanisch gehören sie zur Familie der Riedgräser (Cyperaceae). Von den Vertretern der Süßgräser unterscheiden sie sich durch ihrem oft dreikantigen Stängel und im abweichenden Blüten(stands)aufbau.

Damit ist die Revue von Moorpflanzen mit grasartigem Erscheinungsbild aber noch nicht zu Ende. Eine weitere bemerkenswerte Familie mit Grastracht sind die Binsengewächse (Juncaceae). Viele von ihnen kommen zusammen mit Riedgräsern außer an Moorrändern auch an vernässten, sumpfigen Stellen oder in Röhrichten vor.

In der heimischen Flora gibt es einige weitere einkeimblättrige Pflanzenarten mit grasähnlichem Aussehen, darunter beispielsweise der dekorative Rohrkolben (Familie Typhaceae – Rohrkolbengewächse) oder einige kleinere Pflanzenfamilien aus der näheren Verwandtschaft der Laichkrautgewächse. Deren relativ wenige Arten spielen aber für das **Pflanzenkleid** von Moor und **Heide** keine Rolle.

120← «Wenn die Heide blüht»

Obwohl die meisten Gräser und grasartigen Pflanzen überwiegend langhalmig, schmalblättrig, grüngraublütig und damit womöglich recht einheitlich aussehen, erweisen sie sich auf den zweiten Blick als enorm merkmalsreich und untereinander als mindestens so verschieden wie Nelken und Rosen. Es ist faszinierend zu erleben, wie die Natur auch hier einen offensichtlich erfolgreichen Grundbauplan zu vielen Modellserien mit Abwandlungen und Spezialanpassungen aufgefächert hat.

Beobachtungstipp – Lockeres Innenleben

Bei den Binsen (Gattung *Juncus*) – in Österreich «Simsen» genannt – oder nahe verwandten Röhrichtbewohnern (Gattungen *Scirpus, Schoenoplectus, Bolboschoenus*) sind die Stängel und fallweise auch die röhrig organisierten Blätter mit einem lockeren, weichen Mark gefüllt, von dem sich mit einer spitzen Pinzette leicht eine kleine, dünne Portion entnehmen lässt. Zur Beobachtung fasert man die Probe auf dem Objektträger mit Präpariernadeln ein wenig auf. Bei Einschluss in 70%iges Ethanol bleibt zwischen den großen Interzellularräumen nur wenig Luft eingeschlossen, sodass ihre formale Schönheit voll zur Geltung kommt. Die einzelnen Zellen dieses Gewebes sind vielarmig sternförmig verzweigt und bilden somit ein sehr ansprechendes Gewebemuster. Nach der Sternform nennt man es Actinenchym, nach seiner Funktion für die Stängeldurchlüftung auch Aerenchym.

Fragen

- Welchen Ursprung hat die Redewendung «in die Binsen gehen»?
- Wie vermehren sich Binsen?

→193
Antworten

Aerenchym einer Knäuel-Binse
(*Juncus conglomeratus*)

Sternenpracht im Moortümpel

Moorgewässer sind durch die aus den schon stärker zersetzten Torfkörpern herausgelösten Huminstoffe fast immer kräftig braun gefärbt. Das gilt für Schlenken und für die größeren Moorkolke, für die Randsümpfe (Lagg) eines Hochmoores ebenso wie für die Wasseransammlungen in älteren, bäuerlichen Torfstichen oder in den Abzugsgräben industriell abgetorfter Flächen.

23← «Regenernährte Hochmoore»

Gerade die kleineren Gewässer eines **Hochmoores** sind außerordentlich interessante Lebensräume. Gewöhnlich sind sie von Natur aus mäßig bis stärker sauer – pH-Werte bis unter 4 sind die Regel. Zum anderen zeigen sie gerade im Frühjahr ein erstaunliches Temperaturprofil: Die oberen, schon einige Zeit stärker besonnten Braunwasserschichten erwärmen sich mitunter auf über 30 °C, während sie eine Handbreite tiefer im beschatteten Bereich vielleicht gerade einmal 12–15 °C aufweisen.

Einzeller mit Eigenheim

Die sonst in fast allen Gewässern anzutreffenden und besonders formschönen Kieselalgen (Diatomeen) wird man in einem Moorgewässer kaum finden: Hochmoore sind generell ziemlich nährstoffarm. Im Moorwasserkörper fehlt daher auch weitgehend in genügender Menge gelöste Kieselsäure (Silikat), welche die Diatomeen dringend als Baustoff für ihre gläsernen und dekorativen Zellwände benötigen.

Moorgewässer, genauer die feuchten bis sehr nassen Polster der **Torfmoos-Arten** (*Sphagnum* spp.) sind dafür aber der bevorzugte Lebensraum anderer spannender Kleinstlebewesen – nämlich von über 50 Arten beschalter Amöben. Diese meist nicht einmal 1 mm großen Winzlinge bauen sich aus chitinähnlichem organischem Material unter gelegentlicher Mitverwendung von anorganischen Feinstpartikeln bewundernswert formschöne und artspezifisch gestaltete Gehäuse bzw. Schalen. Das erklärt ihre Bezeichnung Schalenamöben oder Testacea. Manche dieser Gehäuse sehen aus wie eine Baskenmütze (Gattung *Arcella*), andere erinnern eher an einen Krug oder eine Vase (Gattungen *Euglypha* und *Nebela*). Viele Schalen sind völlig glatt, während andere besondere Skulpturierungen oder recht auffällige Fortsätze tragen.

→44 «Winzige Landschaftsgestalter»

Beobachtungstipp – Die großartigen Kleinen aus dem Moospolster

Wer eine Stereolupe (Binokular) oder ein Mikroskop besitzt, findet in den Moorgewässern eine Fülle betrachtenswerter Kleinorganismen. Um Anschauungsmaterial zu gewinnen, entnimmt man aus dem Randbereich eines Moores eine knappe Handvoll Torfmoos, presst es vorsichtig aus und fängt das ablaufende Wasser in einem mitgeführten Gefäß auf. Zwei oder drei Torfmoospflänzchen nimmt man für die spätere Durchmusterung ebenfalls mit, denn manche Arten halten sich auf oder zwischen dem Astgewirr auf. Die ausgequetschte Torfmoosprobe gibt man wieder an die Entnahmestelle zurück, die zu Hause unter Lupe oder Mikroskop untersuchten Kleinorganismen entweder in den Gartenteich oder in einen Weggraben.

Starparade

Mit den wunderschönen einzelligen Vertretern der Klasse Jochalgen (*Zygnematophyceae*), die man ihrer ansprechenden Formen wegen auch Zieralgen (Ordnung Desmidiales) oder einfach Desmidien nennt, bieten vor allem die Hochmoore ein

Links: «Sterne» im Moortümpel – Mikroaufnahmen von *Microsterias americana* und *Microsterias crux-melitensis*

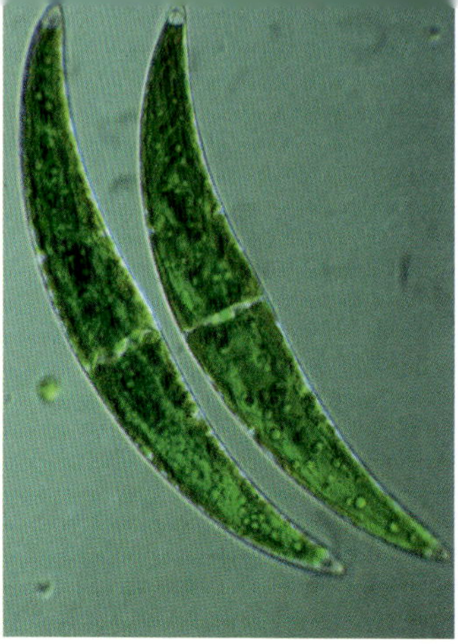

außerordentlich ergiebiges Untersuchungsmaterial. Seit der dänische Biologe Otto Frederik Müller 1781 die ersten Arten in einem Kopenhagener Stadtparkteich entdeckte, gehören sie zu den beliebtesten Objekten der Hobbymikroskopiker. Mehr als 3500 verschiedene Arten sind bisher weltweit beschrieben worden. Viele der heimischen Arten sind in **Moorökosystemen** weltweit verbreitet und echte Kosmospoliten. Ökologisch sind sie überwiegend auf stehende Gewässer mit niedrigem Calcium- und Magnesium-Gehalt spezialisiert, die gleichzeitig von Natur aus schwach bis mäßig sauer (pH 4–6) sind. Vereinzelt kann man sie auch in Gartenteichen oder in kleinen Weihern antreffen. Hier bilden sie oft schleimige Flöckchen an Pflanzenteilen. Zuverlässig sind sie wie im Fall der Schalenamöben durch vorsichtiges Ausquetschen von Torfmoospolstern zu gewinnen.

← Lebensraum Moor

Jede Gattung der einzelligen Zieralgen entwickelt ihre besondere Form – halbmondförmig bei der besonders artenreichen Gattung *Closterium*, in schön gestuften Glockenformen bei *Euastrum* oder vielzackig bei *Staurastrum* oder in der besonders typenreichen und ästhetisch ansprechenden Gattung *Micrasterias*, den Sternchenalgen. Vielfach sind die Individuen in zwei, nur über einen schmalen Steg (Isthmus) verbundene Hälften getrennt und sehen daher aus wie eine Doppelzelle. Darin verhalten sich auch die Chloroplastenteile wie Bild und Spiegelbild.

Fragen

- Zu welcher Algengruppe gehören die Desmidien?
- Wie hoch ist der Anteil von Huminstoffen in moorigen Böden?
- Wieso sind Moospolster so wertvoll?

193–194 ← Antworten

Mikroaufnahmen von *Closterium ehrenbergii*

Ballett im Morgengrauen

Was war das für ein Spektakel von den Alpen bis zu den Küsten, als im zeitigen Frühjahr vor dem Sonnenaufgang von überall her die prächtig gefärbten **Birkhähne** auf den traditionellen Balzarenen in den Moor- und Heideflächen einflogen und die Hennen im schlichten braunen Kleid die Tribünen einnahmen. Dann fanden sie statt, die ritualisierten Schaukämpfe der tanzenden Männchen mit Kullern, Zischen, Gluckern und Fauchen, mit Showeinlagen der Extraklasse (in die Höhe springen, Gefieder aufplustern, Schwanzfedern spreizen, aufgeblähten Hals vorstrecken und mit den Flügeln schlagen), die zuschauenden Damen gackerten dazu. Bald war der beste Tänzer unter den Birkhähnen gekürt, der sich dann sofort mitten auf der Arena mit den Hennen paarte. Damit war die Hauptaufgabe des Hahns erledigt. Er verschwand im Grünen, bis zum nächsten Frühjahr, wenn es wieder bei den Birkhühner heißt: Manege frei.

→ Birkhähne bei der Balz

Und heute, 100 Jahre später? Im Flachland gibt es noch ein paar klägliche Restbestände an Birkhühnern in den Restmooren und Heiden Niedersachsens (beispielsweise im Naturschutzpark und auf Truppenübungsplätzen der **Lüneburger Heide**) und der Rhön. Zahlreicher sind die Birkhühner heute noch in den Alpen, wo sie zu Berghühnern wurden. Wer dort im April und Mai zeitig aufsteht, kann das laute Kullern der Vögel an ihren angestammten Balzplätzen sogar im Tal hören. Traurig, traurig, denn trotz ausgiebiger Schutzbemühungen sieht es schlecht aus für die Birkhühner. Der Grund dafür sind weder Störungen am Brutplatz, etwa durch interessierte Vogelbeobachter, noch Bejagung, sondern die Zerstörung der angestammten Lebensräume. Die haushuhngroßen Birkhühner *(Tetrao tetrix)* mit Körperlängen von 40–58 cm brauchen unbedingt offene Landschaften wie Heiden, Moore und Brachflächen, im Gebirge Matten und Krummholzlandschaften. Dort errichten die Hennen gern in Mulden zwischen kniehohem Gebüsch wie **Heidelbeer- oder Besenheidebeständen** ihre nur mit wenig Pflanzenmaterial ausgelegten Nester. Rund 26 Tage lang brütet das Weibchen seine sechs bis zehn gelbbraunen, dunkel gefleckten Eier aus, dann führt sie ihre nestflüchtenden Küken noch bis Ende September, obwohl sie schon nach vier Wochen selbstständig sind. Während sich die erwachsenen Vögel von Blüten, Knospen, Beeren, Blättern und jungen Gehölzsprossen ernähren, brauchen die Küken in den ersten Lebenswochen tierische Kost (Insekten). In der warmen Jahreszeit eher einzelgängerisch, schließen sich Birkhühner in Herbst und Winter wie zahlreiche andere Vögel zu Trupps zusammen, die «Flüge» genannt werden.

→114 «Natur(schutz)-park Lüneburger Heide»

→134 «Leckere Früchte aus Moor und Heide»

Fragen

- Wie sieht der Lebensraum des Birkhuhns aus?
- Was ist ein Rackelhuhn?

194←
Antworten

Oben: Birkhahn *(Tetrao tetrix)* bei der Balz

Unten: Birkhenne *(Tetrao tetrix)*

Eine tagaktive Eule, gibt es das?

Das gibt es tatsächlich: Anders als die nah verwandte **Waldohreule** *(Asio otus)* können Sie in verschiedenen Mooren und küstennahen Heiden die Sumpfohreulen am helllichten Tag beobachten. Im Frühjahr sind sie besonders aktiv und zeigen am Himmel ihre beeindruckenden Flugbalz-Kunststücke: Die Männchen kreisen lange herum, zeigen dann plötzlich rasante Sturzflüge und klatschen die Flügel ziemlich laut unter ihrem Körper zusammen.

Waldohreule

Die **Sumpfohreule** *(Asio flammeus)* baut, anders als die anderen europäischen Eulen, aus trockenen Pflanzen ein bodennahes Nest. Dort brüten beide Partner abwechselnd die bis zu zehn Eier aus und kümmern sich auch gemeinsam um die Küken, die am 15. Lebenstag das Nest verlassen. Im Alter von 30–48 Tagen sind sie dann flügge.

Sumpfohreule

Leider sind auch die Sumpfohreulen bei uns sehr rar geworden, denn ungestörte offene Moor- und Heideflächen gibt es kaum noch. Dort, wo sie einst einen reichen Lebensraum fanden, grasen heute Kühe oder es wird Mais angebaut. So verarmt Stück für Stück unsere Flora und Fauna.

Sumpfohreule *(Asio flammeus)*

Limikolen in Moor und Heide

Wer einst, vielleicht vor 60 oder 70 Jahren, die Vielfalt und vor allem die Individuenzahlen an Watvögeln in Moor und Heide erlebt hat, dem ist heute zum Heulen zumute: Wo damals im Frühjahr Hunderte von **Großen Brachvögeln** melodisch flöteten und trillerten, Uferschnepfen jammernd «grutte-grutte» riefen und Bekassinen vibrierend-summend mit den Schwanzfedern meckerten, gibt es heute, mit viel Glück, nur noch ein kümmerliches Restchen Moor oder, bei weniger Glück, Maisfelder, wohin das Auge reicht. Weg, aus, vorbei – auch den Vögeln der Moore und Heiden hat die Zerstörung ihrer Lebensräume heftig zugesetzt. Und da Ersatzlebensräume fast gänzlich fehlen, leben hier und da nur vereinzelte Brutpaare, zu wenige für einen zukunftssicheren Bestand bei uns.

← Großer Brachvogel

Dabei sind unsere Moorvögel ja schon in Ersatzlebensräume umgezogen; damals als die ersten Moore trocken gelegt wurden, fanden Bekassine, Brachvogel, Kampfläufer, Rotschenkel und auch Birkhühner (siehe S. 59 f.) eine neue Heimat in den feuchten Bereichen der **Heidelandschaften**, in denen einst auch der Goldregenpfeifer *(Pluvialis apricaria)* bei uns brütete. Doch auch die Heiden wurden durch den Landhunger der Menschen kleiner und kleiner. Und so sieht es schlecht aus für die Limikolen der Moore. Aber zum Glück gibt es ja noch Inseln der Glückseligkeit, kleine Reste an Mooren und Heideflächen, in denen auch heute noch die Rufe von Brachvogel, **Kiebitz** und Uferschnepfe erschallen und Erinnerungen wecken an die einstige Vielfalt …

33 ← «Vom Moor zur Heide»

← Kiebitz

Beobachtungstipp – Superwerkzeug Schnabel

Achten Sie bei Ihren Beobachtungen besonders auf den Schnabel. Watvögel besitzen oft lange Schnäbel, die wie eine Pinzette zum Ergreifen von kleinen Beutetieren eingesetzt werden. Um Würmer, Insektenlarven und ähnliche Beute zu packen, muss auch nicht der ganze Schnabel geöffnet werden; auch die Spitzen sind für sich allein beweglich und können zugreifen, ohne dass der ganze Schnabel geöffnet werden muss. Das ist praktisch beim Bohren in schlammigen Substraten. An den Schnabelspitzen sitzen auch hochsensible Sinneszellen, mit denen der Vogel Beutetiere im Untergrund orten kann.

Kleines Limikolen-ABC

Bekassine (*Gallinago gallinago*, 28 cm lang): Das versteckte Nest dieser mittelgroßen Schnepfe liegt in dicht, aber nicht zu hoch mit Seggen und **Binsen** bewachsenen Moorgebieten und Feuchtwiesen. Fühlt sich die Bekassine entdeckt, so fliegt sie ganz plötzlich im Zickzackflug mit rätschenden Rufen hoch. Auffallend ist auch der Balzflug der Männchen, die beim schnellen Abwärtsflug ihre Schwanzfedern spreizen und dabei meckernde Geräusche erzeugen. Daher stammt der volkstümliche Name «Himmelsziege».

→ Bekassine
→ 52 «Wie man in die Binsen gerät»

Oben: Bekassine *(Gallinago gallinago)*

Unten: Großer Brachvogel *(Numenius arquata)*

Großer Brachvogel

Großer Brachvogel (*Numenius arquata*, 55 cm lang): Jahr für Jahr erscheinen die außerordentlich brutplatztreuen Brachvögel, die größte heimische Watvogelart, gern an denselben Plätzen. Früher waren das die ausgedehnten Moore, feuchten Heideflächen und Wiesen, heute sind es oftmals Streuwiesen und Äcker. Dort ist der Bruterfolg nicht mit dem der früheren Brutgebiete vergleichbar. Zur Balz tragen die Männchen bei wellenförmig auf- und absteigenden Flügen ihre stimmungsvollen, flötend-trillernden «kür-lie»-Melodien vor. Das Nest ist eine einfache Bodenmulde. – Wer einmal Brachvögel singen gehört hat, weiß, dass ihr Gesang zu den stimmungsvollsten unserer Moor- und Wiesenlandschaften gehört, ein Genuss!

Kampfläufer

Kampfläufer (*Philomachus pugnax*, 22–32 cm lang): Im Frühjahr treffen sich die Kampfläufer auf traditionellen Plätzen in Mooren oder auf kurzrasigen Flächen zur Gruppenbalz. Die Männchen tragen dazu eindrucksvoll barocke, bunt gemusterte Federkragen auf Kopf und Hals. Ohne irgendwelche Laute von sich zu geben, vollführen sie dann ihre munteren Tänze nach komplizierten Regeln, flattern mit den Flügen, springen in die Luft, ducken sich mit hängenden Flügeln und gespreizten Federkrägen. Unter diesen bunten Kerlen wählen sich die Weibchen ihren Partner und fordern ihn zur Begattung auf. Danach kümmern sich nur noch die Weibchen um die Brut.

Kiebitz

Kiebitz (*Vanellus vanellus*, 28–31 cm lang): Offene, baumarme Ebenen mit fehlender oder kurzer Vegetation sind die Brutgebiete des türkentaubengroßen Kiebitz, der ein Kurzstreckenzieher bzw. in vielen Gegenden auch ein Standvogel ist und das ganze Jahr über beobachtet werden kann, beispielsweise bei der Suche nach kleinen

Kampfläufer (*Philomachus pugnax*)

Bodentieren auf Äckern und Feldern. Beim Auffliegen wechselt sich die Sicht auf die hellen Unterseiten mit der Sicht auf die dunklen Oberseiten der Flügel in rascher Folge ab. Eindrucksvoll sind die Flugdarbietungen, mit denen die Männchen das engere Nestrevier markiert und um ein Weibchen wirbt: Vom Boden aus steigt das Männchen urplötzlich steil in die Höhe, fliegt dann horizontal, um nochmals höher zu steigen und schließlich senkrecht kopfüber mit Überschlägen nach unten zu stürzen. Erst kurz vor dem Boden fängt sich das Männchen mit wummernden Flügelgeräuschen. Kiebitze brüten meist in lockeren Kolonien. Die meist vier erdfarbenen Eier werden von beiden Eltern ausgebrütet (Brutdauer 26–29 Tage) wie die erdfarbenen, nestflüchtenden Küken geführt und gefüttert. Da die hervorragend getarnten Küken sich bei Gefahr nach dem Warnruf der Eltern dicht an den Boden drücken und nicht weglaufen, sollten Sie Brutgebiete der Kiebitze nicht betreten: Immer wieder werden die Kleinen einfach totgetreten, weil sie nicht fliehen.

Wichtig!

In Brutgebieten des Kiebitz *unbedingt* die Hunde an der Leine führen. Dort kann ein einziger frei laufender Hund dazu führen, dass diese Vögel das Gebiet nicht mehr aufsuchen – furchtbar angesichts der ohnehin raren Brutplätze in einer hochtechnisierten Landwirtschaft.

Kiebitz *(Vanellus vanellus)*

Rotschenkel

Rotschenkel (*Tringa totanus*, 28 cm lang): Ursprünglich kam dieser Watvogel in Moorgebieten, auf Feuchtwiesen und an den Kiesbänken der Flüsse im natürlichen Flussbett vor, heute ist er ein Vogel der küstennahen Salzwiesen geworden. Dort können Sie häufig seine flötenden «tüüt»-Rufe hören. Wie viele Watvögel baut der Rotschenkel mit den namengebenden roten Beinen und dem spitzen roten Schnabel mit der schwarzen Spitze kein richtiges Nest, sondern legt seine Eier in eine Mulde im Boden ab. Rotschenkel sitzen gern auf erhöhten Plätzen wie etwa Holzpfählen. Seine Nahrung besteht aus Kleintieren in Boden und Flachwasser. Im Flug erkennen Sie den Rotschenkel am deutlich sichtbaren weißen Flügelrand. Kennzeichnend ist auch sein unverwechselbarer leicht melancholischer Ruf.

Rotschenkel *(Tringa totanus)*

Triel (*Burhinus oedicnemus*, 38–45 cm lang): Die trockenen, sonnigen, spärlich bewachsenen Heide- und Steppengebiete sind sein Lebensraum. Da diese bei uns nur noch in kleinen Inseln vorkommen, ist er als Brutvogel in Mitteleuropa weitgehend ausgestorben. Tagsüber verharrt der taubengroße Triel mit den großen Augen meist dicht an den Boden gedrückt. Weil er auch kaum durch Rufe auf sich aufmerksam macht, ist er bei Tag für den Heidebesucher unsichtbar. Erst in der Dämmerung und bei Nacht wird er aktiv. Dann ertönen von Dämmerungsbeginn die ganze Nacht hindurch (mit Höhepunkt in den frühen Morgenstunden) seine recht hohen, klagenden «krüürriee»-Rufe, die an die des Großen Brachvogels erinnern und bis zu einem Kilometer weit zu hören sind.

→ Triel

Uferschnepfe (*Limosa limosa*, 37–42 cm lang): Offene Hoch- und Niedermoore, feuchte Heidegebiete und Grassteppen sind die Brutgebiete dieser Schnepfe, heute oftmals auch hochgrasigen Wiesen. Das Männchen balzt im sehr hohen Singflug mit auf- und absteigenden Tonfolgen «gruitegruite ...», daneben gibt sie einzelne «wäd»-Rufe von sich. Das Nest liegt meist in 20–30 cm Höhe über feuchtem Untergrund, beide Partner brüten und führen die bis zu vier Küken. Außerhalb der Brutzeit hält sich die Uferschnepfe gern auf schlammigen, offenen Uferpartien auf. Wenn die langbeinige, langschnäbelige Uferschnepfe bei der Suche nach Kleintieren und Sämereien umherläuft, erinnert sie an einen Storch.

→ Uferschnepfe

Triel (*Burhinus oedicnemus*)

Wichtig!

Bitte halten Sie genügend Abstand zu Brutplätzen, Vogelansammlungen und ruhenden Vögeln, damit Sie sie nicht unnötig aufscheuchen.

Beobachtungstipp – Vögel beobachten

Moore und Heiden sind meist Relikte, die häufig von Naturschutzgruppierungen vor Ort betreut werden und oftmals ausgezeichnete Wanderwege und Beobachtungsstationen aufweisen. Lassen Sie sich das nicht entgehen: Da Vögel meist Frühaufsteher sind, sollten Sie schon vor Sonnenaufgang in einer solchen Beobachtungsstation eintreffen. Dass die Wege nicht verlassen werden dürfen und Hunde an der Leine zu führen sind, versteht sich von selbst.

Fragen

- Womit erzeugen Kiebitze die wummernden Fluggeräusche, die auch «Wuchteln» genannt werden?
- Woher stammen die Scharen der Großen Brachvögel, die man am Wattenmeer beobachten kann?
- Wer verweilt bei drohender Gefahr bei den Küken der Rotschenkel – Vater oder Mutter?

194← Antworten

Uferschnepfe *(Limosa limosa)*

Rechts: Schwertlilie *(Iris sibirica)*

Kurzinformationen Frühling

Schnittige Schönheiten

Am Rand von **Niedermooren**, in Gräben und Nasswiesen blühen im fortgeschrittenen Frühjahr die Schwertlilien. Im Voralpenland findet man stellenweise beeindruckende Bestände der tiefblau blühenden Sibirischen Schwertlilie *(Iris sibirica)*, im übrigen Mitteleuropa dagegen eher die häufigste heimische Art der Gattung, die gelb blühende Sumpf- oder Wasser-Schwertlilie *(Iris pseudacorus)*. Alle *Iris*-Arten stehen unter Artenschutz.

→26 «Landschaftsprägende Niedermoore»

Die Schwertlilienblüte weist nicht nur ausgefallene gestaltliche Merkmale auf (vgl. Beobachtungstipp), sondern hat auch eine bemerkenswerte kulturhistorische Karriere durchlaufen: Eine besonders berühmte in der Heraldik verwendete Blume ist die stark stilisierte und meist weiß wiedergegebene Lilie. Sie ist als Bourbonenlilie eines der bekanntesten Motive in der dekorativen Kunst Frankreichs und wurde, nachdem Ludwig VII. sie bei den Kreuzzügen in seinem Banner führte, unter der Bezeichnung *Fleur des Louis* bzw. *Fleur de Louis* als Wahrzeichen der französischen Königswappen berühmt. Bis heute ist sie zudem Bestandteil des Stadtwappens von Paris.

Beobachtungstipp – Verwirrende Blüte

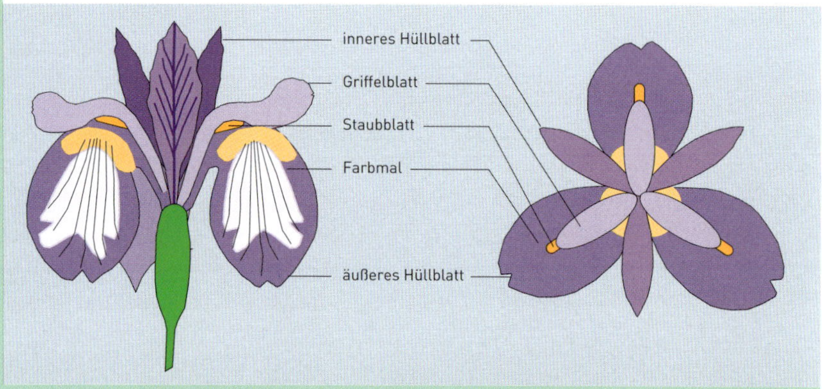

Schwertlilie

Beim genaueren Anschauen findet man in der zunächst klar konturiert erscheinenden **Schwertlilien-Blüte** einen relativ komplexen Aufbau. Die Blütenhülle besteht aus den bei Einkeimblättrigen üblichen sechs Blütenhüllblättern, doch sind diese stark gestaltverschieden: Außer den drei kleineren Hängeblättern gibt es drei deutlich größere Domblätter. Daneben fallen jedoch drei weitere eigenartige Elemente auf, nämlich die ungewöhnlich großen, blumenblattartig umgestalteten, zum Griffeldach steil aufgerichteten Narbenlappen. Die Iris-Blüte weist somit vermeintlich neun Blütenhüllblätter auf.
Bei den Schwertlilien liegt somit zwar eine klar strukturierte einzelne Blüte mit allen erforderlichen Bauteilen vor, sie funktioniert aber überraschenderweise wie drei verschiedene. Nach bestäubungstechnischen Kriterien umfasst sie tatsächlich drei klar getrennte Schwertlilien-Blumen mit jeweils separatem Eingang für den Blütenbesucher. Besonders deutlich zeigt sich dieser Sachverhalt bei der Betrachtung von oben. Eine solche Konstruktion nennt man in der Blütenbiologie Meranthium. Dieser Fall ist in der Natur nicht sehr häufig vertreten.

Blütenaufbau der Sibirischen Schwertlilie *(Iris sibirica)*: Ansicht von der Seite (links) und von oben (rechts)

Von Nattern und Vipern

Die wenigen Schlangenarten der heimischen Fauna haben bei den meisten Menschen nur wenige Freunde: Viele neigen dazu, die von diesen Tieren ausgehenden Gefahren maßlos zu überschätzen.

In Mooren und auf Heiden begegnet man in unseren Breiten nur zwei heimischen Schlangenarten: Die eine ist die ungiftige **Ringelnatter** *(Natrix natrix)*, kenntlich an den seitlichen hellen Flecken am Hinterkopf. Ringelnattern halten sich gerne an oder in Gewässern auf und finden ihre Nahrung daher nicht nur auf dem trockenen Land.

→ Ringelnatter

Die andere Art ist die giftige Kreuzotter *(Vipera berus)*, die zur Familie der Vipern gehört. Man sollte ihr zwar mit Respekt, aber nicht mit übertriebener Angst begegnen, denn die Tiere reagieren nur dann aggressiv, wenn man ihnen zu nahe kommt oder wenn sie sich anderweitig bedroht fühlen. Ihr Biss ist zwar gefährlich, aber nicht unbedingt tödlich. Im Moor kommen neben den normalfarbigen grauen Individuen mit Zackenband auf dem Rücken auch tiefschwarze Exemplare vor, die man früher unnötigerweise als Höllenvipern bezeichnet hat. Im Unterschied zur Ringelnatter, die ihre Eier von der Sonne ausbrüten lässt, sind Kreuzottern lebendgebärend. Nach neuesten Erkenntnissen kommen in Deutschland sogar drei verschiedene Ringelnatter-Unterarten vor.

Obwohl **Kreuzottern** tagaktiv sind, bekommt man sie in Moor und auf der Heide eher selten zu sehen. Die Erschütterungen, die der Tritt des Wanderers in trockeneren Bereichen auslöst, veranlassen sie, sich rechtzeitig davonzumachen – man vernimmt dann höchstens ein leises Rascheln. Allenfalls in den kühlen Randstunden des Tages, wenn die wechselwarmen Tiere noch etwas klamm sind, könnte man sie irgendwo liegen sehen. Im Zweifelsfall ist es immer ratsam, genau darauf zu achten, wo man den Fuß aufsetzt oder wohin die Hand beispielsweise beim **Beerensammeln** langt.

→ Kreuzotter

→134 «Leckere Früchte aus Moor und Heide»

Kreuzotter *(Vipera berus)*

Bulten und Schlenken

Die Oberfläche eines Hochmoores ist selten völlig eben. Oft fällt ein charakteristisches Kleinrelief von nur wenigen Dezimetern Höhendifferenz auf: Eine solche kleinhügelige Erhebung, die ähnlich aussieht wie ein bewachsener Maulwurfshügel und relativ trittfest ist, nennt man in der Fachsprache nach einem niederdeutschen Wort einen Bult (Mehrzahl: die Bulten). Bulten tragen oft ein sehr kennzeichnendes Pflanzenkleid aus besonderen **Torfmoos-Arten** und zuoberst das fadendünne Gezweig des Zwergstrauches Moosbeere *(Vaccinium oxycoccos)*. Zwischen den kuppigen oder streifigen Kleinhügeln befinden sich wassergefüllte Vertiefungen, die Schlenken. Sie sind oft viele Dezimeter tief. Wenn man durch einen Fehltritt unversehens hineingerät, erfährt man augenblicklich, wie zuverlässig und nachhaltig das schwarzbraune Schlenkenwasser hellere Kleidungsstücke färbt.

44← «Winzige Landschaftsgestalter»

Birken be(ob)achten

Die am oder im Moor wachsenden Birken sind allesamt Moorbirken, gehören aber nicht unbedingt der Spezies Moor-Birke *(Betula pubescens)* an. Die Unterscheidung von der viel vertrauteren Hänge-Birke *(Betula pendula)* ist relativ einfach, wie der Merkmalsvergleich in der Tabelle zeigt:

Bulten und Schlenken

Das Laub der Moor-Birke *(Betula pubescens)* und Hänge-Birke *(Betula pendula)* im Vergleich

Merkmal	**Hänge-Birke** *(Betula pendula)*	**Moor-Birke** *(Betula pubescens)*
Rinde an jüngeren Stämmen und Ästen	glatt, weiß mit dunkleren Querbinden	glatt, hellbraun bis grau-silbrig oder weißgrau
Borke an der Stammbasis	schwarz, durch tiefe Risse grob in Rauten gefeldert	meist ohne auffällige Felderung
Äste	relativ kurz	lang
Zweige	lang und hängend (Name!)	kurz
Triebe	kahl, stark warzig	kurzhaarig, ohne warzige Drüsen
Blattumriss	rautenförmig bis dreieckig, mit deutlich ausgezogener Spitze	breit eiförmig, nur kurz zugespitzt
Blattunterseite	meist kahl	auf den Nerven behaart und mit Achselbärten
Blattgeschmack	Blätter schmecken bitter-harzig	Blätter schmecken süßlich

Vor allem die Moor-Birken zeigen als interessante Wuchsanomalie im Kronenraum stark verdichtete Zweigbüschel, die der Volksmund Hexenbesen nennt. Verursacher ist eine Pilzinfektion im Knospenstadium. Wo beide Birken-Arten nebeneinander vorkommen, treten nicht selten auch Bastarde auf, die in ihrer Merkmalsausprägung zwischen den Elternarten stehen.

Beobachtungstipp – Rostige Pfützen

Schon im zeitigen Frühjahr fallen in Sumpfwiesen und in Niedermooren eigenartig rostfarbene Lachen auf, an deren Oberfläche sich oft ein bläulich schillernder Belag wie eine Kahmhaut abgeschieden hat. Im Sommer sieht man diese Erscheinung seltener. Die rostig ockerfarbene Verfärbung ist insofern verräterisch, weil sie sofort zur Ursache führt: Es handelt sich tatsächlich um Eisenverbindungen: Spezielle Bakterien gewinnen ihre Stoffwechselenergie aus der Oxidation von zweiwertigem (Fe^{2+}-Ionen) zu dreiwertigem Eisen (Fe^{3+}-Ionen) und lassen dessen schwer lösliche Verbindungen beispielsweise als Ocker ausfallen. Eigentlich müssten die Zelloberflächen der Eisenoxidierer dabei ständig verkrusten. Sie vermeiden das jedoch, indem sie die Eisenverbindungen beispielsweise an einer aus organischem Material bestehenden Röhre ablagern, in der sich die Bakterienzellen ungehindert bewegen können.

Das Moor im Garten begraben?

Jetzt im Frühjahr sind Pflanz- und Pflegearbeiten im Garten angesagt. Dabei steht auch die Bodenpflege im Vordergrund, und so mancher Hobbygärtner greift dann gerne in die Tüte mit den Bodenverbesserungsmitteln. Jedes Jahr werden allein in Deutschland rund 10 Mio. m^3 Torf verbraucht. Diese Menge entspricht etwa dem doppelten Volumen des Kölner Doms. Etwa 2,5 Mio. m^3 davon gehen in bunte Plastiksäcke zu je 50 l Inhalt an Freizeitgärtner. Würde man diese Säcke hintereinanderlegen, käme man auf rund 40 000 km, und das ist ziemlich genau der Erdumfang am Äquator. Damit wird deutlich, dass die Torf abbauende Industrie einen ungeheuren Raubbau an der Natur betreibt.

Auch wenn «Bodenverbesserung» auf dem Pflanzerdesack steht, trägt das eingetütete Moor tatsächlich nur wenig zur Bodenpflege im Garten bei. In relativ kurzer Zeit ist der gesamte organische Inhalt durch die Boden(mikro)organismen remineralisiert und unter anderem als Kohlenstoffdioxid in die Atmosphäre entlassen worden. Und dann wird die nächste Schaufel Kultursubstrat auf Torfbasis fällig, wofür weitere Moorflächen zerstört und ihre Torfvorräte abgefräst werden müssen. So funktioniert ein Teufelskreis.

40← «Geschichtete Geschichte»

Erfolgreiches Gärtnern funktioniert erwiesenermaßen auch ganz ohne **Torf** oder torfhaltige Erde. Ein vollwertiges Ersatzmaterial ist Komposterde, entweder aus dem eigenen Garten oder preiswert von einer professionellen Kompostieranlage zu haben. Sehr empfehlenswert ist die Verwendung von Rindenhumus (Rindenmulch, geschro-

tete Baumrinde) aus der Forstwirtschaft. Dieses Material nimmt Wärme und Wasser sehr gut auf und gibt beides wunderbar dosiert an den Wurzelhorizont weiter. Auch Holzfasern sind ein bedenkenswertes Hilfsmittel zur Bodenverbesserung. Es beeinflusst die Krumenstruktur positiv und ermöglicht ein gutes Pflanzenwachstum.

Torf gehört ins Moor! Fast alle großen Garten Center und Baumärkte bieten entsprechende Ersatzprodukte an. Diese Chance für aktiven Naturschutz muss man unbedingt wahrnehmen.

Lärmende Entenscharen

Auf den Wasser- und Uferflächen der Moore können Sie auch verschiedene Enten und Gänse beobachten. Die häufigste ist die überall verbreitete **Stockente** *(Anas platyrhynchos)*, aber auch **Knäk-**, **Krick-**, **Spieß-** und sogar **Löffelenten** *(A. querquedula, A. crecca, A. acuta, A. clypeata)* besuchen die Moorgewässer. Diese Gründelenten mit aus dem Wasser herausgestrecktem Schwanz suchen ihre Nahrung, indem sie wie im Kinderlied «Köpfchen unters Wasser, Schwänzchen in die Höh» im flachen Wasser gründeln. Die Krickente ist die kleinste unter ihnen, die ihren Namen ihren lauten «krrück»-Rufen verdankt – ebenso wie die Knäkente, deren balzende Männchen hölzern «knärrk» rufen. Auffallend sind die bis zu 10 cm langen Schwanzspieße der Spießentenerpel, ebenso wie der breite, lange löffelähnliche Schnabel der Löffelente, deren Gefieder dem der **Stockenten** ähnelt.

→ Knäk-, Krick-, Spieß- und Löffelente

→ Stockente

Fragen

- Wozu dient die weiße Rinde der Birken?
- Können frisch aus dem Ei geschlüpfte Kreuzottern schon giftig beißen?

→195 Antworten

Knäkente *(Anas querquedula)*

Sommer

6
2
3
4
1
7
5

Einleitung Sommer

Das Leben in Moor und Heide ist nun auf dem jahreszeitlichen Höhepunkt. Dank langer Tage wächst und blüht es überall üppig, und milde Nächte lassen das Tierleben auch bei Nacht nicht ruhen. Libellen künden von offenen Wasserflächen, Sandlaufkäfer, Ameisenlöwen, Hochmoorgelblinge und andere Insekten krabbeln, schwirren und fliegen umher. Kleine und große Naturforscher können Wollgräser ganz nah beobachten, und auch die Vogelwelt wartet nun mit allerhand Jungvögeln auf. Besuchen Sie nun die Moore und Heiden, denn der sonnenwarme Sommer ist dafür die bunteste und allerschönste, weil am wenigsten raue Zeit in diesen Lebensräumen. Dies können Sie zum Beispiel bei den jährlich stattfindenden Heideblütenfesten aufs Schönste erleben.

Wollgräser bestimmen das Bild

Bei trübem oder gar regnerischem Wetter lassen die Wollgräser ihre schopfigen Fruchtstände ein wenig melancholisch hängen und sehen eher unattraktiv schmutzig grau aus. An einem sonnigen, trocken-warmen Sommertag leuchten die Wollschöpfe jedoch schneeweiß und bilden dann auf ihren Moorstandorten einen überaus prächtigen Aspekt. «Wollgrasblüte» kann man häufig in der Titelzeile entsprechender Kalenderfotos lesen. Was botanisch Untrainierte meist nicht wissen oder wissen können: Die Blütezeit der Wollgras-Arten liegt zu diesem Zeitpunkt schon mehrere Wochen zurück. Sie findet – relativ unspektakulär und unauffällig – im Frühjahr statt, denn die auf Windbestäubung eingerichteten Zwitterblüten sind ziemlich unscheinbar. Zuerst reifen übrigens die Narben heran und sind für den Pollen empfangsbereit. Die langfädigen, baumelnden, gelblich grünen Staubbeutel der eigenen Blüte öffnen sich erst etliche Tage später, wenn die Narben schon längst bestäubt sind.

Die Wolle besteht aus Flugapparaten

Schmalblättriges Wollgras

Die in drei Zeilen angeordneten Blätter sind ein klarer Hinweis darauf, dass die Wollgräser zu den Riedgrasgewächsen (Cyperaceae, Sauergräser, vgl. S. 54) gehören. Das **Schmalblättrige Wollgras** *(Eriophorum angustifolium)* trägt höchstens 3–5 mm breite Blätter und entwickelt unterirdische Ausläufer. Sein Stängel ist fast drehrund und nur im oberen Teil stumpf dreikantig. Er trägt gewöhnlich 3–5 vielblütige Blütenköpfe. Die Blütenhülle der Einzelblüten besteht aus jeweils sechs schlanken Borsten, die sich zur Fruchtzeit enorm verlängern und dann als weißwolliges Gebilde eine kleine Nussfrucht krönen. Wenn der Wind sie erfasst und aus dem Fruchtverband löst, können sie auf dem Luftweg weit verdriftet werden. Flugweiten von etwa 10 km sind bei den minimalen Sinkgeschwindigkeiten durchaus denkbar. Der typische Lebensraum dieser Art sind nährstoffarme, saure Flach- und Zwischenmoore.

Spezialisten für Nieder- und Hochmoore

Breitblättriges Wollgras

Beim **Breitblättrigen Wollgras** *(Eriophorum latifolium)* werden die schlanken Blätter bis 8 mm breit, und der überall stumpf dreikantige Stängel trägt 5–12, zur Fruchtzeit hängende Blütenköpfe. Diese Art ist eine typische Horstpflanze; sie bildet keine Ausläufer und tritt an ihren Standorten in Nieder- und Quellmooren eher vereinzelt auf.

Scheidiges Wollgras

Ohne Ausläufer und meist ziemlich dichtrasig wächst die dritte bemerkenswerte Art dieser Gattung, das **Scheidige Wollgras** *(Eriophorum vaginatum)*. Es ist eine typische Hochmoorart und siedelt besonders gerne auf den Torfmoosbulten. Sein

Rechts: Schmalblättriges Wollgras
(Eriophorum angustifolium)

Stängel trägt nur ein einzelnes endständiges Blütenköpfchen bzw. Wollknäuel. Weil es schon sehr früh im Jahr austreibt, ist es in der arktischen Tundra eine wichtige Futterpflanze für die Rentiere. Die Lemminge fressen die jungen Triebe sogar unter der noch geschlossenen Schneedecke.

← Scheuchzers Wollgras

Während auch das Schmalblättrige Wollgras bis in die Arktis verbreitet ist, kommt das einköpfige und in dichten Beständen auftretende **Scheuchzers Wollgras** *(Eriophorum scheuchzeri)* nur in alpinen Mooren vor. Es blüht nicht vor dem Hochsommer und bildet seine wolligen Fruchtstände daher erst recht spät aus.

Scheuchzers Wollgras
(Eriophorum latifolium)

Fragen

- Was sind die auffälligen «Wattebäusche» der Wollgräser?
- Welche ökologischen Eigenschaften hat das Schmalblättrige Wollgras *(Eriophorum angustifolium)*?

→195 Antworten

Paarungsrad und Tandemflug

Libellen gehören zweifellos zu den schönsten und größten heimischen **Insekten**. Die meisten von ihnen sind nicht ausschließlich an Moor und Heide gebunden, aber von den rund 80 einheimischen Spezies führen etliche diese Lebensräume oder deren Bestandteile im Artnamen, so beispielsweise die Hochmoor-Mosaikjungfer *(Aeshna subarctica)*, die **Torf-Mosaikjungfer** *(Aeshna juncea)*, die Kleine Moosjungfer *(Leucorrhinia dubia)*, die Kleine Binsenjungfer *(Lestes virens)* und die verschiedenen Arten der Heidelibellen (Gattung *Sympetrum*). Viele dieser Arten durchlaufen ihre Larvenentwicklung in Moortümpeln, Schlenken, Heideweihern und vergleichbaren Stillgewässern. Die Hochmoor-Mosaikjungfer zeigt eine sehr enge Lebensraumbindung – sie kommt nur in Hochmooren mit Torfmoos-Beständen vor. Die Kleine Moosjungfer ist eine der häufigsten Moorlibellen und zudem eine schon sehr früh im Jahr fliegende Art, die an allen möglichen Typen von Moorgewässern vorkommt, darunter auch an wiedervernässten kleinen Torfstichen.

→103 «Insekten in Moor und Heide»

→ Torf-Mosaikjungfer

Zweierlei Bauserien

Die in Mitteleuropa nicht allzu artenreich, aber weltweit mit rund 3700 Spezies vertretene Insektenordnung der Libellen (Odonata) gliedert sich in zwei Unterordnungen, deren Vertreter leicht zu unterscheiden sind. Bei den Großlibellen (Anisoptera) sind die Hinterflügel deutlich breiter als die Vorderflügel. Beide Flügelpaare zeigen ein recht kompliziertes Adermuster. In der Ruhestellung werden die Flügel waagerecht ausgebreitet gehalten. Danach erhielt die gesamte Verwandtschaftsgruppe ihren Namen: Libelle leitet sich vom lateinischen *libellula* = kleine Waage ab. Kennzeichnend sind ihre besonders großen Komplexaugen: Der zwischen ihnen frei bleibende Stirnabschnitt ist stets kleiner als ein Augendurchmesser. Bei manchen Gattungen berühren sich die Augen (so bei der Quelljungfer (Gattung *Cordulegaster*) oder grenzen mit einer feinen Berührungsnaht dicht aneinander (Gattung *Aeshna*).

Die grundsätzlich im Wasser lebenden Larven der Großlibellen wirken relativ plump. Bei den Kleinlibellen (Zygoptera) sind alle Flügel gleich groß und nur relativ einfach geadert. Beim Sitzen werden sie über dem Hinterleib nach Art der Schmetterlinge nach oben zusammengelegt oder nur wenig abgespreizt. Die Augen stehen immer weiter auseinander als ihr Durchmesser beträgt. Die Larven sind bemerkenswert schlank und tragen am Hinterleibsende drei Schwanzblättchen.

Libellen

Bei allen **Libellen** greifen die Flugmuskeln – anders als etwa bei den Hummeln – direkt an den Flügeln an. Diese können daher – mit etwa 30 Schlägen/sec – unabhängig voneinander bewegt werden, was die erstaunlichen Flugkünste und das hohe Tempo – bis zu 40 km/h – der Tiere erklärt. Libellen können gleichsam in der Luft stehen und auch rückwärtsfliegen. Vor allem die Großlibellen legen längere Strecken auch im Segelflug zurück.

Torf-Mosaikjungfer *(Aeshna juncea)*

Kleine-Binsenjunger *(Lestes virens)* –
der Kopf in Nahaufnahme

Beobachtungstipp – Libellen fotografieren

Eindrucksvolle Libellenkonterfeis sind auch für ambitionierte Naturfotografen eine echte Herausforderung. Sie gelingen am ehesten mit Makro-Objektiven im Bereich um 200 mm Brennweite und am besten an einem kühlen Sommermorgen kurz nach Sonnenaufgang, wenn die Tiere von der Kühle der Nacht noch etwas klamm sind. Am späteren Nachmittag findet man sie oft in Ruhelage auf ihren **exponierten Ansitzen**. Die Sache braucht Geduld und äußerst langsame Bewegung, denn die Fluchtdistanz der Tiere ist recht groß.

140← «Ein lebendes Moor besuchen»

Sex mit Verrenkungen

Einzigartig ist das Paarungsverhalten der Libellen: Nach einem artspezifischen Vorspiel ergreift das Männchen mit seinen Hinterleibsanhängen aus dem Anflug ein fliegendes (Anisoptera) oder sitzendes artgleiches Weibchen (Zygoptera) am Kopf (Anisoptera) oder an Vertiefungen im ersten Brustsegment (Zygoptera). Dann überträgt das Männchen sein Sperma aus der Geschlechtsöffnung am neunten Hinterleibssegment durch Vorwärtskrümmung des Abdomens in sein Begattungsorgan am zweiten Segment – das dauert zwischen wenige Sekunden bis etwas mehr als

Das Paarungsrad der Becher-Azurjungfer *(Enallagma cyathigerum)*

eine Minute. Dann erhält das Weibchen das Signal, seinen Hinterleib mit der Geschlechtsöffnung am männlichen Begattungsorgan zu verankern. Nunmehr ist das charakteristische herzförmige Paarungsrad perfekt, und die Begattung kann stattfinden. Je nach Art besteht das Paarungsrad einige Minuten oder allenfalls eine Stunde lang. Als gestrecktes Tandem fliegt das Paar nun weiter, und das Weibchen beginnt mit der Eiablage, wobei es wiederum arttypische Rituale gibt. Die Hochmoor-Mosaikjungfer legt sic in lebendes Torfmoos ab, die Alpen-Mosaikjungfer sticht sie in Seggen, **Binsen** oder Torfmoose ein, während die Heidelibellen im Tandem oder das Weibchen im Soloflug die befruchteten Eier in das offene Wasser schleudert.

→52 «Wie man in die Binsen gerät»

Beobachtungstipp – Libellen live erleben

Für geduldige Beobachter, die sich auch für eine längere Weile an einem Moor- oder Heidegewässer aufhalten, bieten die hier fast immer präsenten Libellen interessante Schauspiele. Spannend ist beispielsweise die Beobachtung von Paarungsrädern und Tandemfliegern, die Einnahme einer Mahlzeit in sitzender Position (manche Arten verzehren ihre Beute auch schon im Flug), wobei der extrem bewegliche Kopf auffällt, oder gar das Verfolgen des Schlüpfvorgangs an einem Libellengewässer, der bei den meisten Arten in die frühen Morgenstunden fällt – oft am ersten sonnigen Tag nach einer Schlechtwetterperiode.

Europas kleinste Libelle

Auch die Zwerglibelle *(Nehalennia speciosa)* ist eine Bewohnerin von flachen, nicht zu sauren Moorschlenken mit lockerer Vegetation (**Wollgras**, Schlammsegge, Fieberklee). Sie ist nur 2–2,5 cm lang, ausgesprochen zierlich gebaut und hat eine Flügelspannweite von ca. 2,5 cm. Die hellblauen, oben metallisch grünen Männchen und die grünlich gelben Weibchen sind aber nur schwer zu finden, denn sie fliegen kaum und halten sich meist in der Vegetation auf.

→80 «Wollgräser bestimmen das Bild»

Fragen

- Welche Libellenarten kann man an norddeutschen Moorseen antreffen?
- Welche Libellenarten kommen in alpinen Kleinstmooren vor, die ökologisch besonders wertvoll sind?
- Aus wie vielen Einzelaugen (Ommatidien) setzt sich ein Libellenauge zusammen?

→195–196 Antworten

Zwerglibelle *(Nehalennia speciosa)*

Pflanzen auf Kleintierjagd

Die Natur hat den Pflanzen die etwas undankbare Rolle zugewiesen, ständig von hungrigen Pflanzenfressern angeknabbert zu werden. Als Primärproduzenten und Lebewesen mit der einzigartigen Fähigkeit zur Fotosynthese stehen sie notwendigerweise immer am Beginn der Nahrungsketten bzw. -netze. Pflanzenfresser jeglicher Größenordnung von der winzigsten Miniermotte bis zum äsenden Elch stellen die erste Garde der Konsumenten. Aus mancherlei und vor allem energetischen Gründen sind die Nahrungsketten im Allgemeinen höchstens drei- oder viergliedrig entwickelt.

Vor allem die regenwasserernährten **Hochmoore** sind von Natur aus nährstoffarme Standorte. Weil hier die abgestorbenen Pflanzenmassen nur wenig und dann auch noch unvollständig zersetzt werden, kehren die für neues Pflanzenwachstum wichtigen mineralischen Nährstoffe vorerst nicht in die allgemeinen Stoffkreisläufe zurück.

→23 «Regenernährte Hochmoore»

Umkehr der normalen Ordnung

Aus dieser Mangelsituation haben einige Moorpflanzen einen bemerkenswerten Ausweg gefunden: Sie erschließen sich recht ergiebige Nährstoffquellen, die mengenweise Stickstoff- und Phosphorverbindungen enthalten, indem sie Kleintiere fangen und verdauen. Sie stellen damit also gleichsam die natürliche Ordnung auf den Kopf und werden selbst zu Beutegreifern. Solche Pflanzen haben schon den großen Naturforscher Charles Darwin so außerordentlich fasziniert, dass er ihnen ein umfangreiches Buch gewidmet hat. Er führte für diese Arten auch die Sammelbezeichnung Carnivoren ein, die man oft mit der Umschreibung «Fleischfressende Pflanzen» übersetzt findet. Obwohl die Einzelverfahren der ungewöhnlichen Zusatznahrungsbeschaffung durchaus das Profil horrormäßiger Hollywood-Schocker aufweisen, wäre die etwas distanziertere Bezeichnung «Insektenfangende Pflanzen» angemessener.

Mit Leimruten auf der Lauer

Alle heimischen **Sonnentau-Arten** (*Drosera* spp.) bilden kleine, dem Moorboden anliegende Blattrosetten von nur wenigen Zentimetern Durchmesser aus. Mit ihrer meist grün rötlichen Färbung fallen sie auf Torfmoospolstern kaum auf. Die meist nicht einmal münzgroßen Blätter tragen am Blattrand lang gestielte Tentakeln, die an ihrer Spitze einen wasserklaren, zähklebrigen, glänzenden Tropfen absondern. Er enthält proteinspaltende Enzyme. Auf der Blattmitte befinden sich weitere, aber

→ Sonnentau

kurzstielige Verdauungsdrüsen. Der Fangschleim ist so klebrig, dass er kleine Insekten wie **Mücken** oder Ameisen und gelegentlich auch auf dem Moor umherlaufende Spinnen erbarmungslos festhält. Nachdem ein Beutetier den Tentakeln auf den Leim gegangen ist, krümmen sich die gereizten Tentakeln nach etwa 1 h zur Blattmitte. Nach einer weiteren Stunde rollt sich das gesamte Blatt ein und bringt weitere Verdauungsdrüsen mit dem Opfer in Kontakt. Die Verdauung benötigt mehrere Tage. Die Blattspreiten entrollen sich danach wieder. Chitinbauteile werden dabei nicht verdaut – sie bleiben mitunter längere Zeit an oder auf den Blättern hängen.

103← «Insekten in Moor und Heide»

Nach dem gleichen Verfahren arbeiten die gelblich hellgrünen, breit ovalen Blätter der Fettkraut-Arten (*Pinguicula* spp.), die meist auf nährstoffarme Quell- und Niedermoorstandorte spezialisiert sind. Im Hochgebirge kommt an entsprechenden Stellen das gelblich blühende Alpen-Fettkraut *(P. alpina)* vor. Genauere Untersuchungen ergaben, dass ungefähr die Hälfte des von den Fangblättern als Zusatznahrung ergatterten Fremdproteins aus angewehten Pollenkörnern stammt.

Schlagfertige Saugfalle

Vor allem in den Moorgewässern des Tieflandes sind die wurzellosen, frei im Wasser schwebenden Wasserschlauch-Arten (*Utricularia* spp.) zu Hause. Ihre Sprossachsen sind so reich und fein verzweigt, dass man sie von den Blattorganen kaum eindeutig abgrenzen kann. An den Verzweigungsenden sitzen bis zu 5 mm lange Fangblasen – an großen, mehrere Meter langen Wasserschlauch-Individuen können das unter Umständen einige Tausend sein. Eine mit Borsten versehene falltürartige Klappe verschließt die unter Unterdruck stehenden Fangblasen von innen. Berühren

Sonnentau-Art (*Drosera* spp.) mit Opfer

Rechts: Gewöhnliches Fettkraut (*Pinguicula vulgaris*)

beispielsweise Kleinkrebse beim Abweiden der außen auf den Blasen siedelnden Mikroalgen eine der Borsten, so schnappt die Klappe nach innen auf und verschluckt das völlig überraschte Opfer augenblicklich. Der Einsaugvorgang dauert nur etwa 2 Millisekunden und ist damit die schnellste Bewegung im Pflanzenreich. Innen sind die Fangblasen mit zahlreichen Verdauungsdrüsen ausgekleidet. Nach wenigen Stunden ist die enzymatische Zerlegung abgeschlossen.

Zur gleichen Familie wie die Sonnentau-Arten gehört die sehr seltene **Wasserfalle** *(Aldrovanda vesiculosa)*, die ebenfalls mit Saugfallen arbeitet.

→ Wasserfalle

Beobachtungstipp – Fütterung der Raubpflanzen

Mit etwas Geduld kann man direkt verfolgen, wie ein Sonnentau- oder ein Fettkrautpflänzchen den Verdauungsvorgang durch Einrollen des gereizten Fangblattes einleitet: Man gibt ganz vorsichtig ein höchstens streichholzkopfgroßes Wurststückchen oder einen vergleichbar großen Hartkäsekrümel von der mitgebrachten Wegzehrung auf ein Blatt und wartet ab.

Fragen

- Wie schnell wachsen carnivore Pflanzen?
- Wessen bedürfen die carnivoren Pflanzen?

196← Antworten

Aktionsbereit Fangblasen vom Kleinen Wasserschlauch *(Utricularia minor)*

Schieberei im Untergrund

Parasiten – da denkt man doch sofort an Blut saugende, Saft zehrende oder sonstwie heimtückische Kreaturen, die irgendwo zwischen lästigem Plagegeist und gefährlichem Monster rangieren. Gewiss ist kritische Distanz zu Flöhen und Fußpilzen, zu Milben, Wanzen oder **Zecken** durchaus nachvollziehbar. Trotz allgemeiner Ächtung sind solche Parasiten aber als Nahrungsspezialisten biologisch außerordentlich interessant.

→ Zecken

Räuberisch lebende Arten gibt es in allen Organismenreichen und im Fall der tierfangenden Blütenpflanzen auch im Pflanzenreich. Mindestens so spannend sind die schmarotzenden Blütenpflanzen, zumal man vielen nicht ohne Weiteres ansieht, mit welchen «Underground»-Methoden sie sich eigentlich ihre Nahrung organisieren.

Bleichgesichter auf Abwegen

Seitdem bekannt ist, dass sich Pflanzen nur dann per Fotosynthese von Licht und Luft ernähren können, wenn sie gleichzeitig grün sind, ist auch klar, dass die chlorophyllfreien Varianten auf Fremdhilfe angewiesen sind, um stofflich über die Runden zu kommen. Die bleichen Blütenpflanzen mancher Standorte sitzen oft direkt im Moder der angesammelten, aber noch energiereichen Totsubstanz. Früher nahm man an, solche Pflanzen könnten das üppige Stoffangebot durch Fäulnisprozesse selbst aufschließen und nannte sie deshalb Saprophyten. Blütenpflanzen sind dazu allerdings nicht in der Lage, und so müssen die Stoffrouten wohl anders funktionieren. Den Schlüssel zu den organischen Bodenschätzen liefern die Pilze. Nur sie verfügen über die entsprechenden Stoffwechselwerkzeuge, um die Abfallstoffe molekular zu knacken und aufzunehmen. Jetzt wäre nur noch der Kurzschluss zwischen Pilzmyzel und Pflanzenwurzel nötig. Tatsächlich gehen beispielsweise die in sauren Moor(rand)wäldern vorkommende kleine **Orchideenart** Widerbart *(Epipogium aphyllum)* oder ihre Verwandte, die Korallenwurz *(Corallorhiza trifida)*, im Wurzelbereich innige Verflechtungen mit Bodenpilzen ein. Über direkte Zellkontakte fließen die Stoffe aus dem Myzel in die Wurzel – die Blütenpflanze parasitiert gleichsam auf dem Bodenpilz und ist Importgebiet für dessen Stoffvorräte. Eine Gegenleistung, die dem Pilz zugute käme, ist hier nicht erkennbar.

→ verschiedene Orchideenarten

Kurze Wege

Das Umlenken «billiger» Nährstoffströme aus durchaus unfreiwillig spendenden Wirtspflanzen für den Materialeigenbedarf eines Parasiten erfolgt nun nicht nur umwegig über eine vermittelnde Pilzbrücke, sondern auch im Direktverfahren. Dabei verhalten sich die parasitischen Blütenpflanzen im Prinzip genauso eindringlich wie eine Blattlaus: Mit einem speziellen Saugorgan, dem Haustorium, durchwuchern sie das Gewebe ihrer Wirtspflanze. Ziel ihrer Attacke sind die Stoffleitbahnen des Wirtes. Solche schmarotzenden Pflanzen machen also buchstäblich kurzen Prozess. Die hübschen, in der europäischen Flora artenreich vertretenen und mit einigen Spezies auch in **Heidegebieten** vorkommenden Sommerwurz-Arten (*Orobanche* spp.) setzen ebenfalls an den Wurzeln ihrer grünen Wirte an, bilden die stoffklauenden Haustorien jedoch aus ihren eigenen Sprossachsen. Die meisten Arten sind so wirtsspezifisch, dass man sie danach unterscheiden und benennen kann. Die Orobanchen enthalten zwar kein Blattgrün, sind aber dennoch nicht völlig pigmentfrei. Außer ihren wunderschön gelb, purpurn oder stahlblau ausgefärbten Blüten sind auch Stängel und Schuppenblätter rötlich-bräunlich überlaufen. Diese Farbstoffe sind offenbar Schutzpigmente – an den stark besonnten Offenlandstandorten dieser Pflanzen wirken sie wie eine strahlungsabschirmende Sonnenbrille.

33← «Vom Moor zur Heide»

Grüne Halbschmarotzer

Chlorophyllfreien und deshalb weitgehend bleichen Pflanzengestalten sieht man ihre Stoffschieberei sofort an. Es gibt unter den Blütenpflanzen aber auch Artengruppen mit ausgeprägten Untergrundaktivitäten auf Kosten anderer, denen man dies nicht ansehen kann. Das ist zum Beispiel beim Sumpf-Läusekraut *(Pedicularis palustris)*, Wald-Läusekraut *(P. sylvatica)* oder beim besonders spektakulär blühenden Karlszepter *(P. sceptrum-carolinum)* der Fall – sie sind alle drei Wurzelparasiten. Man kann sie zwar auch unabhängig von ihren Wirten kultivieren, doch gedeihen sie deutlich besser, wenn sie in ihrer direkten Nachbarschaft durch Wurzelattacken kräftig abkassieren können. Außer den Läusekraut-Arten finden sich auf Moor- und Nasswiesen noch einige weitere dekorative und oft sehr formenreiche Arten von halbparasitischer Lebensweise, etwa die hübschen Klappertopf-Spezies (Gattung *Rhinanthus*) sowie die Wachtelweizen (Gattung *Melampyrum*). Augentrost (Gattung *Euphrasia*) und Zahntrost (Gattung *Odontites*) treten dagegen auf trockeneren Heidestandorten auf. Sie alle fasst man neuerdings mit den bleichen Sommerwurz-Arten zu einer eigen Familie Sommerwurzgewächse zusammen.

Fragen

- Welchen Rekord hält die Sommerwurz?
- Ernähren sich auf Nasswiesen gehaltene Weidetiere von Läusekraut-Arten?

196← Antworten

Links: Korallenwurz *(Corallorhiza trifida)*

Rechts: Nelken-Sommerwurz *(Orobanche caryophyllacea)*

Bodenbrüter in Moor und Heide

In Lebensräumen, die wie Wiese, Moor und Heide eher zweidimensional als dreidimensional ausgerichtet sind und in denen Baum- und Strauchgruppen rar sind oder gar fehlen, gibt es natürlich einen noch größeren Run auf die bodennahen Brutplätze als im Wald und im Feldgehölz. Während manche Vogelarten nur dann am Boden brüten, wenn andere Nistmöglichkeiten fehlen (zum Beispiel der Graureiher) oder wenn zur Zeit der ersten Brut die Hecken noch kahl sind (zum Beispiel die Goldammer), brüten andere wie etwa Feldlerchen, Rebhühner, **Wachtelkönig**, Wiesenpieper, Braunkehlchen oder viele **Enten- und Gänsearten** immer am Boden. Für diese Vogelarten ist es geradezu dramatisch, wenn Bodenbrutplätze wegfallen, etwa durch intensive Bodenbearbeitung oder durch Umwandlung von unberührten Landschaftstrichen in intensiv genutzte. Da dies bei uns fast überall geschieht, gehören die am Boden brütenden Vogelarten zu den am meisten bedrohten.

←
Wachtelkönig
75← «Lärmende Entenscharen»

Tarnung ist für Bodenbrüter wegen fehlenden Sichtschutzes ein besonders wichtiges Thema: Häufig tragen die erwachsenen und die Jungvögel daher ein unauffällig erdfarbenes Gefieder. Dabei sind die Federn am ganzen Körper nicht von einheitlicher Farbe, sondern zeigen Muster oder unterschiedliche Farbvarianten bei verschiedenen Körperteilen: Sie lassen der Körper mit der Umgebung verschmelzen und lösen dessen Form optisch auf. Auf diese Tarnung vertrauen zahlreiche Bodenbrüter in solchem Maße, dass sie bei Annäherung eines Menschen unbeweglich an Ort und Stelle verharren, anstatt davonzufliegen. Auch die Eier zeigen ein bräunliches Tarnmuster, die Nester liegen meist zwischen niedriger Vegetation versteckt.

Hier eine kleine Artenauswahl von Bodenbrütern unter den Singvögeln:

Heidelerche (*Lullula arborea*, bis zu 15 cm lang): Sandige Heideflächen, die an Kiefernwälder grenzen, sind die bevorzugten Brutgebiete der spatzengroßen Heidelerche. Die Männchen tragen tagsüber und nachts ihre flötenden Gesänge, die zu den schönsten im Vogelreich gehören, gern von Singwarten (Spitzen kleiner Kiefern) oder im spiralig aufsteigenden Singflug aus. Das Nest liegt gut versteckt unter Grasbüscheln oder zwischen Heidepflanzen. Heidelerchen sind zwischen März und Oktober bei uns, sie überwintern in West- und Südeuropa.

← Bachpieper

Brachpieper (*Anthus campestris*, bis zu 18 cm lang): Mit seinem langen Schwanz und der eher waagerechten Körperhaltung erinnert dieser Pieper, der meist in Heidegebieten aufzufinden ist, an eine Stelze. Das Männchen trägt seine einfachen

«zirluih»-Strophen im wellenförmigen Singflug oder von der Spitze kleiner Bäume vor, das Nest liegt gut versteckt zwischen niedrigen Büschen. Brachpieper sind zwischen April und September bei uns. Auch der Wiesenpieper *(Anthus pratensis)* und der Baumpieper *(Anthus trivialis)* brüten in Heiden und Mooren.

Braunkehlchen (*Saxicola rubetra*, bis zu 14 cm lang): Auch das hübsche Braunkehlchen gehört zu den Verlierern der modernen Agrarlandwirtschaft, weil ihm oft nicht der Monat Zeit bleibt, den es zu Brut und Jungenaufzucht braucht. Neben Niedermooren und trockenen Heideflächen brütet es auch auf extensiv genutzten Wiesen und Brachflächen. Bei uns kann man es von April bis in den September beobachten.

Braunkehlchen

Oben: Heidelerche *(Lullula arborea)*

Unten: Brachpieper *(Anthus campestris)*

Beobachtungstipp

Kaum aus dem Winterquartier im tropischen Afrika zurückgekehrt, konkurrieren die Braunkehlchen-Männchen um die besten Nistplätze und Weibchen: Ab April können Sie rasante Verfolgungsjagden und zahlreiche Singflüge, bei denen die Männchen ihre kurzen Strophen in raschem Tempo vortragen, beobachten. In den Gesang bauen sie auch schwatzende, kratzig raue und pfeifende Töne ein und ahmen andere Vögel (z. B. Grauammern) nach.

Oben: Braunkehlchen *(Saxicola rubetra)*

Unten: Schwarzkehlchen *(Saxicola rubicola)*

Schwarzkehlchen (*Saxicola rubicola*, bis zu 13 cm lang): Es bewohnt im Vergleich zum Braunkehlchen trockenere, strukturreichere Lebensräume, etwa in Hochmooren. Auffällig sitzt das bunte Männchen auf Buschspitzen, zuckt hektisch mit Schwanz und Flügeln und warnt mit kratzenden Tönen. Der Gesang besteht aus kurzen Strophen mit kratzenden, ratternden, pfeifenden Passagen, die in schnellem Tempo vorgetragen werden. Bei uns ist das Schwarzkehlchen von März bis Oktober.

Schwarzkehlchen

Steinschmätzer (*Oenanthe oenanthe*, bis zu 16 cm lang): Dieser Bodenvogel hüpft mit schnellen Sprüngen über den Boden, verweilt aber immer wieder aufrecht mit wippendem Schwanz auf Erhebungen. Er brütet auf Heide- und Moorflächen, aber auch auf Wiesen und Bergmatten. Der Steinschmätzer ist von April bis Oktober bei uns.

Steinschmätzer

Oben: Steinschmätzer *(Oenanthe oenanthe)*

Unten: Raubwürger *(Lanius excubitor)*

Raubwürger

Der **Raubwürger** (*Lanius excubitor,* bis zu 26 cm lang) ist der größte Würger Europas. Er brütet zwar nicht auf dem Boden, kommt aber auch in Heide und Moorgebieten vor, sofern dort Hecken, Feldgehölze oder einzelne Bäume stehen. Von diesen erhöhten Plätzen aus lauern die Vögel auf Beutetiere (Käfer und andere Insekten, auch Eidechsen, Mäuse und kleinere Vögel), die sie dann gern als Vorrat in Astgabeln einklemmen.

Rohrammer

Die **Rohrammer** (*Emberiza schoeniclus,* bis zu 16 cm lang) ist ein Charaktervogel der Feuchtgebiete und kommt auch in Mooren vor. Das große Nest aus Halmen und Schilfblättern liegt mitten im Schilf, dort trägt das Männchen auch seine einfachen Melodien vor. Droht Gefahr, so schleppt sich die Rohrammer scheinbar flügellahm am Boden herum und lenkt so mögliche Eindringliche vom Neststandort ab.

Oben: Rohrammer *(Emberiza schoeniclus)*

Unten: Wachtelkönig mit Jungtieren *(Crex crex)*

Oben rechts: Ziegenmelker *(Caprimulgus europaeus)*

Unten rechts: Kornweihe *(Circus cyaneus)*

Früher raubten die unermüdlichen, die ganze Nacht hindurch vorgetragenen schnarrenden «rrep-rrep»-Rufe des Wachtelkönigs (*Crex crex*, bis zu 25 cm lang) manchem Mitmenschen den Schlaf. Doch diese Zeiten sind vorbei, da viele feuchte bis moorige Wiesen trockengelegt sind. Den scheuen Vogel, der wie Bläss- und Teichhuhn zu den Rallen gehört, bekamen auch die Menschen früher nicht häufig zu Gesicht, denn er lebt sehr verborgen. Anfang Mai haben Sie die größten Chancen, denn dann ist die Vegetation noch recht niedrig. Der Wachtelkönig ist von Mai bis September bei uns heimisch, er überwintert in Südafrika.

Ziegenmelker

Der **Ziegenmelker** (*Caprimulgus europaeus*, bis zu 28 cm lang) ist ein typischer Bewohner von Heidegebieten und lichten Kiefernwäldern. Tagsüber ruht er bewegungslos am Boden oder auf Ästen, perfekt getarnt durch sein bräunliches Gefieder – dadurch können Sie ihn nur schwer entdecken. Nachts geht der Ziegenmelker auf Insektenjagd; dank seines kurzen Schnabels, der sich sehr weit öffnen lässt, können diese Vögel auch größere Beute aufnehmen. Bei Dunkelheit können Sie auch die minutenlang schnarrenden «errrrrrörrrrrerrrrrrörrrr...»-Strophen hören, die an einen laufenden Motor erinnern. Balzend erzeugt das Männchen knallende Geräusche mit seinen Flügeln. Der Ziegenmelker baut kein Nest, sondern legt seine meist zwei Eier auf den nackten Boden.

Kornweihe

Auch Greifvögel sind unter die Bodenbrüter gegangen, auf Moor- und Heideflächen sind es die **Kornweihen** (*Circus cyaneus*, bis zu 55 cm lang). Auch sie gehören zu den Leidtragenden in der modernen Agrarlandschaft. Ihr Nest liegt geschützt zwischen höherem Pflanzenbewuchs am Boden und ist natürlich bedroht von verschiedenen Eiräubern (Fuchs, Hermelin, Iltis etc.). Wie bei vielen Greifvögeln brütet das Weibchen und wird vom Männchen mit Nahrung (vor allem Mäusen) versorgt. Auch nach dem Schlüpfen füttert zunächst nur das Männchen die Familie; sobald die Jungen aber flügge sind, übernimmt das Weibchen die komplete Versorgung des Nachwuchses. Bei uns ist die Kornweihe ganzjährig heimisch. Auch die etwas kleineren, eleganteren, an Seeschwalben erinnernden Wiesenweihen *(Circus pygargus)* sind Bewohner feuchter Heidegebiete. Sie verlassen uns allerdings über den Winter. Wenn sie dann im Frühjahr aus den afrikanischen Überwinterungsgebieten zurückkehren, können Sie die girlandenförmigen Balzflüge der Männchen beobachten.

Beobachtungstipp

Kornweihen sind Mäusejäger. Nach ihnen spähen sie im niedrigen, gaukelnden Flug, wobei sie ihre Flügel V-förmig halten. Bei geschlossener Schneedecke weichen sie in andere Gebiete aus, kehren aber wieder zurück, wenn der Schnee geschmolzen ist.

Fragen

- Wovon ernährt sich das Braunkehlchen?
- Wie erbeutet der Ziegenmelker Insekten?

196–197← Antworten

Insekten in Moor und Heide

Sie sind die artenreichste Tiergruppe der Erde und haben dank eines genialen Körperbauplans, der sehr flexibel an viele Lebensbedingungen angepasst und umgebaut werden kann, so ziemlich alle Lebensräume erobert. Natürlich fehlen **Insekten** auch nicht in Moor und Heide.

→83 «Paarungsrad und Tandemflug»

Neben Wasserspinnen besiedeln die käferähnlichen, etwa 1,5 cm langen Schwimmwanzen *(Ilyocoris cimicoides)* die Moorgewässer. Ihre Vorderbeine sind zu kurzen klappmesserartigen Fangbeinen umgewandelt, mit denen sie andere Wasserinsekten fangen. Vorsicht: Diese Wanzen können mit ihrem langen Stechrüssel, der in Ruhestellung auf den Bauch geklappt wird, schmerzhaft stechen! Auch der **Gemeine Rückenschwimmer** *(Notonecta glauca)*, ebenfalls eine Wasserwanze, sticht bei Bedrohung sofort zu – darum wird er auch Wasserbiene genannt. Er schwimmt stets auf dem Rücken. Die in zwei behaarten, auf der Unterseite des Hinterleibs gelegenen Rinnen gespeicherte Atemluft verleiht dem Tier so viel Auftrieb, dass es stets zur Wasseroberfläche emporsteigt – falls es keine Schwimmbewegungen macht oder sich nicht an Wasserpflanzen festhält. Auch die bis zu 3,5 cm langen **Gelbrandkäfer** *(Dytiscus marginalis)* und die etwa 1,5 cm langen Furchenschwimmer *(Acilius sulcatus)* können Sie in moorigen Tümpeln entdecken. Die Larven dieser Schwimmkäfer erinnern an Zeppeline, die mit ständig sich bewegenden Beinen im Wasser schweben.

→ Gemeiner Rückenschwimmer

→ Gelbrandkäfer

Schwimmwanze *(Ilyocoris cimicoides)*

Beobachtungstipp – Entwicklung in der Röhre

Sandlaufkäfer

Auf offenen Bodenstellen der Heideflächen, auch in Sandgruben, ist der bis zu 1,8 cm lange **Feld-Sandlaufkäfer** *(Cicindela campestris)* heimisch. Während der hübsche grüne Käfer mit den weißen Punkten und Flecken ziemlich scheu ist und nur mit viel Glück bei der Jagd auf andere Insekten zu beobachten ist, haben Sie mit den Larven mehr Glück: Die weißlichen madenähnlichen Larven leben in schmalen Erdröhren, die oft dicht beisammen liegen. Mit Kopf und Halsschild verschließen diese Käferlarven die Röhren wie ein Korken eine Flasche. Nähert sich eine Ameise oder ein anderes Beutetier, so schnellt der Kopf mit den kräftigen Zangenkiefern blitzschnell heraus und packt das Opfer. Droht Gefahr, lassen sich die Larven in die Tiefe ihrer Röhre fallen, kommen aber bald wieder empor und verschließen erneut mit Kopf und Hals die Röhre.

Nicht anfassen, denn Käfer und Larven können auch den Menschen schmerzhaft beißen.

Larve und adulter Feld-Sandlaufkäfer
(Cicindela campestris)

Flatterwesen mit geschuppten Flügeln

Zu den hübschesten Insekten zählen die Schmetterlinge, die auch unsere Moore besiedeln – nicht, weil ihnen die feuchte Landschaft besonders zusagt, sondern weil es dort bestimmte Futterpflanzen gibt, auf die die Raupen stehen. Schmetterlingsraupen sind mehr oder weniger enge Nahrungsspezialisten, die nur ganz bestimmte Pflanzen fressen. Während manche Arten die Blätter mehrerer Pflanzen annehmen, muss es für andere Arten eine ganz bestimmte Pflanze sein: Daher kommen Schmetterlinge nur dort vor, wo die Futterpflanzen ihrer Raupen wachsen. Werden diese in einem Gebiet ausgerottet, so trifft das auch die entsprechenden Schmetterlingsarten. Ein Beispiel: Vom Lungen-Enzian, einer typischen Niedermoor- und Feuchtheidepflanze, ernähren sich die bis zu 3 cm langen, schwarzen, fein weiß gepunkteten Raupen des Goldenen Scheckenfalters *(Euphydryas aurinia)*, Flügelspannweite 35–38 mm), sowie die bis zu 1,5 cm langen gelblichen oder hell rötlichen Raupen des Lungenenzian-Ameisenbläulings (*Maculinea alcon*, Flügelspannweite 32–36 mm). Von diesen beiden Arten ist der **Scheckenfalter** weniger spezialisiert, denn die Raupen fressen in den ersten Raupenstadien Skabiosen und Wegerich, nach der Winterruhe dann Lungen- oder Schwalbenwurzenzian. Anders der Lungenenzian-Ameisenbläuling: Seine Raupen nehmen nichts anderes als Lungenenzian an. Daher legt das Weibchen seine Eier auf dieser Futterpflanze ab. Zunächst fressen die frisch geschlüpften Räupchen Gänge in die Blütenblätter, sie minieren. Wenn sie etwas größer geworden sind, verlassen sie die Blütenblätter und lassen sich auf den Boden fallen. Dort verströmen sie den arteigenen Duft der Knotenameise *(Myrmica ruginodis)*, diese vermuten in den Raupen vermeintliche Ameisenlarven und schleppen sie ins Nest. Dort ernähren sich die Schmetterlingsraupen von den Ameisenlarven – und weil sie so duften wie dieselben, fällt der Raub nicht auf. Die Ameisenbläulingsraupen verpuppen sich auch im **Ameisen**nest. Wenn dann aber die nun duftlosen Falter geschlüpft sind, müssen sie eiligst das Ameisennest verlassen.

→ Schneckenfalter

→ Ameisen

Andere Falter sind auf typische Moorpflanzen wie **Rausch-, Moos- und Preiselbeeren** angewiesen, denn sie dienen den Raupen als Nahrung. Die Blätter der Rauschbeere *(Vaccinium uliginosum)* stehen auf dem Speiseplan der Raupen von Eichenspinner *(Lasiocampa quercus)*, Kleines Nachtpfauenauge *(Saturnia pavonia)* – diese beiden fressen auch Heidelbeere und Besenheide –, Hochmoorgelbling *(Colias palaeno)*, Brombeerzipfelfalter *(Callophrys rubi)*, Rauschbeerenspanner *(Arichanna melanaria)*, Großer Speerspanner *(Rheumaptera hastata)* und Violett-Gelbeule *(Xanthia togata)*. Der Hochmoorbläuling *(Vaccinia optilete)* besiedelt Moore, in denen Moosbeeren *(Oxycoccus palustris)* vorkommen – die erwachsenen Falter haben in diesen blütenarmen Mooren eine andere Eiweißquelle entdeckt: Sie suchen den Kot von Füchsen und anderen Säugetieren auf.

→134 «Leckere Früchte aus Moor und Heide»

Das Kleine Nachtpfauenauge *(Saturnia pavonia)* in den Stadien Raupe, Puppe und Falter

Beobachtungstipp

Der Hochmoorgelbling *(Colias palaeno)* kommt in Randbereichen intakter Moorgebiete vor, wo neben den Futterpflanzen seiner Raupen (Rauschbeere, *Vaccinium uliginosum*) genügend blühende Pflanzen wie Disteln stehen, von denen sich der Falter ernährt. Beobachten Sie im Juni oder Juli einen Falter auf Nahrungssuche: Er flattert stets recht bodennah umher und steigt niemals hoch in die Luft. Daher vermag er auf der Suche nach Nektar keine Baumgruppen oder gar Waldstreifen überfliegen. Biologen sehen in dem Hochmoorgelbling eine Schmetterlingsart, die nach der Eiszeit weite Teile Mitteleuropa besiedelte, nun aber nur noch kleine Inselrestbestände in den Moorgebieten aufweist – Tendenz abnehmend. Im Norden Europas kommt er jedoch noch recht häufig vor.

Heide-Grünwidderchen *(Rhagades pruni)*

Auch diese farbenprächtigen Schmetterlinge können Sie in Moor und Heide entdecken: Baldrian-Scheckenfalter (*Melitaea diamina*, Raupen ernähren sich vom Kleinen Baldrian), Mädesüß-Perlmuttfalter (*Brenthis ino*, Raupen fressen Echtes Mädesüß und Großen Wiesenknopf), Braunfleckiger Perlmutterfalter (*Boloria selene*, Raupen fressen Hunds- und Sumpfveilchen), Moor-Wiesenvögelchen (*Coenonympha pamphilus*, Raupen fressen Wollgras), Heide-Grünwidderchen (*Rhagades pruni*, Raupen fressen u. a. Besenheide) und Sumpf-Hornklee-Widderchen (*Zygaena trifolii*, Raupen ernähren sich von Sumpf-Hornklee und Gemeinem Hornklee).

Beobachtungstipp

Kleinere Insekten wie Wanzen oder Käfer können vorsichtig mit einer Becherlupe gefangen und beobachtet werden. Schmetterlinge hingegen sollten Sie nicht fangen, weder mit einer Becherlupe noch mit einem Insektennetz. Die Flügel sind mit feinsten Schuppen besetzt, die sehr leicht abbrechen. Solchermaßen verletzte Schmetterlinge können zwar noch fliegen, aber schlechter als gesunde Artgenossen – so werden sie rascher Beute von Vögeln und anderen Räubern.
Beobachten Sie die Insekten mit der Becherlupe nur im Schatten und lassen Sie die Tiere wohlbehalten nach kurzer Zeit wieder dort frei, wo Sie sie gefangen haben.

Fragen

- In welchem Entwicklungsstadium überwintert der Hochmoorgelbling?
- Wie reagieren Feld-Sandlaufkäfer auf Beunruhigung?

197← Antworten

Kurzinformationen Sommer

Warum Moore sauer werden

Regenwasserernährte Hochmoore weisen fast ausnahmslos erstaunlich niedrige Säurewerte bis zu pH 3 auf – das Wasser zwischen den Torfmoosen und sonstigen Hochmoorpflanzen ist somit ungefähr so sauer wie Salatessig. Von Natur aus ist dieses besondere chemische Milieu durch folgende Abläufe zu erklären: Beim mikrobiellen Abbau des pflanzlichen Zellwandbaustoffs Lignin bzw. Cellulose entstehen komplex aufgebaute Huminsäuren, die erwartungsgemäß den pH-Wert des braunschwarzen Moorwassers drücken. Zum anderen wirken die Zellwände der Torfmoose, insbesondere diejenigen der Wasserzellen (vgl. S. 46), als Ionen-Austauscher: Sie binden die relativ wenigen im Moorwasser enthaltenen und für den eigenen Stoffwechselbetrieb dringend benötigten Metall-Kationen wie K^+, Ca^{2+} oder Mg^{2+} und geben dafür Wasserstoff-Ionen (Protonen, H^+) frei. Auch das führt auf Dauer zu einer wirksamen Ansäuerung.

→23 «Regenernährte Hochmoore»

Sumpf-Weichwurz *(Hammarbya paludosa)*

In den letzten Jahrzehnten sind zudem massive Säureeinträge aus der Atmosphäre hinzugekommen. Abgase aus der Verfeuerung fossiler Brennstoffe in Haushalten, Industrie und Verkehr, darunter vor allem Schwefeldioxid (SO_2) und Stickstoffoxide (NO_x) reagieren in der Atmosphäre mit Wasser unter anderem zu Schwefliger Säure (H_2SO_3) bzw. Salpetersäure (HNO_3) weiter und verursachen einen beträchtlichen Säure-Eintrag in die Ökosysteme. Wälder und Seen leiden erheblich darunter – die ohnehin sauren Hochmoore verkraften diese anthropogene Säureattacke bisher wesentlich besser.

Kleine Kostbarkeiten: Moororchideen

← Orchideen

Beim Stichwort **Orchideen** geraten sämtliche Naturfreunde in Verzückung – manche sogar auch dann, wenn es «nur» um die heimischen wild wachsenden Arten geht. In Heidegebieten treten diese Mannequins unter den Blütenpflanzen nur wenig auf, aber in Mooren findet sich eine ganze Reihe standortspezialisierter Arten, deren Blütezeit oft bis spät in den Sommer reicht. Sie alle sind durch Standortverluste in der modernen Agrar- und Nutzlandschaft sehr stark gefährdet und bevölkern reihenweise die Roten Listen.

26← «Landschafts-prägende Niedermoore»

Eine kaum zu übersehende Art ist die stattliche Sumpf-Stendelwurz *(Epipactis palustris)*, die gerne in basisch beeinflussten **Niedermooren** vorkommt. Viel kleiner und geradezu unscheinbar ist dagegen die Sumpf-Weichwurz *(Hammarbya paludosa)*, die der große Naturforscher Carl von Linné (1707–1778) nach seinem wunderschönen Sommersitz Hammarby in der Nähe von Uppsala benannt hat. Diese Art entwickelt an den Blattenden kleine Brutknospen, mit denen sie sich vegetativ vermehrt. Zu ihrer engeren Verwandtschaft gehört die Kleine Einknolle *(Herminium monorchis)*, die als Lebensraum alpine Moorwiesen bevorzugt.

Eine ziemlich komplexe, weil typenreiche Artengruppe stellen die als Breitblättrige Fingerwurz *(Dactylorhiza majalis)* bezeichneten Formen dar, die kaum jemand zuverlässig unterscheiden kann. Sie sind – wie man heute annimmt – aus Kreuzungen zwischen den normal diploiden Arten Fleischfarbene Fingerwurz *(D. incarnata)* und Fuchs' Fingerwurz *(D. fuchsii)* hervorgegangen. Die hierher gehörende Torfmoos-Fingerwurz (*D. majalis* ssp. *sphagnicola*) ist tetraploid – sie enthält auch noch das Erbgut der relativ häufigen Gefleckten Fingerwurz *(D. maculata)*. In diesem unübersichtlichen Formenkreis laufen also vor unseren Augen Artbildungsprozesse und somit Evolution ab.

Wirksame Übertragungssperre

Manche Blütenpflanzen zeigen besonders bemerkenswerte Maßnahmen zur Sicherung der Fremdbestäubung. Ihre Blüten gibt es in mehreren Bauvarianten: Entweder sind die Staubblätter lang gestielt und die Griffel sehr kurz oder umgekehrt. Eine erfolgreiche Pollenübertragung ist nur zwischen längengleichen Individuen möglich. Heterostylie nennt man dieses ausgeklügelte Arrangement. Bei dem in Moor- und Nasswiesen sowie an Gewässerrändern häufigen Blutweiderich *(Lythrum salicaria)* kommen sogar drei verschiedene Griffel- bzw. Filamentlängen vor. Allein mit der Ablage eines Pollenkorns auf einer empfängnisbereiten Narbe ist es bei solchen Arten nicht getan. Bevor der Pollenschlauch sozusagen die Lizenz erhält, auszukeimen und sich durch das Griffelgewebe in Richtung Samenanlage zu vertiefen, finden auf der molekularen Ebene intensive Zell-Zell-Identitätsprüfungen statt. Nach dem Pollenauftrag geht es also nur dann weiter, wenn «die Chemie stimmt» und die zellulären Kontrollinstanzen die Keimlizenz geben.

Eine ganz andere Welt

Während die meisten **Hochmoore** einen eher niedrigen pH-Wert aufweisen und die nährstoffreicheren Niedermoore eher ein schwach saures bis neutrales Milieu anbieten, kommen in Kalkgebieten kleinflächig auch ausgesprochen basisch reagierende Moore mit pH-Werten um 8 vor. Man findet solche Moortypen als Quellmoore, aber auch als kleine Verlandungs- oder Durchströmungsmoore unter anderem in den nördlichen Kalkalpen, in den kalkreichen Moränenlandschaften des Alpenvorlandes oder in Teilbereichen der Mittelgebirge mit entsprechenden Gesteinsschichten (mitteldevonische Riffkalke, Muschelkalkvorkommen u. Ä.). Wegen der weithin fehlenden geologischen Voraussetzungen sind solche Kalkniedermoore im nördlichen Tieflandgürtel eher selten oder gar nicht vorhanden.

→ Lebensraum Moor

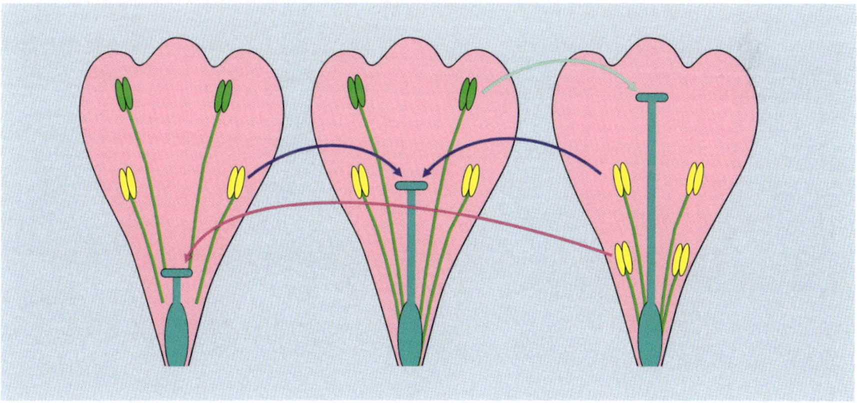

Triheterostylie beim Blut-Weiderich *(Lythrum salicaria)*: Die kurzgriffelige Form (links) besitzt 6 mittellange Staubblätter mit gelbem Pollen und 6 lange mit grünlichem. Davon sind jeweils nur 2 dargestellt. Bei der mittelgriffeligen Form (Mitte) liegen die gleichen Staubblattverhältnisse vor. Bei der langgriffeligen Form (rechts) sind die Pollenkörner der kurzen und der mittellangen Staubblätter unterschiedlich groß. Eine kompetente Pollenübertragung ist nur zwischen den Elementen gleicher Länge möglich.

Kalkmoore überraschen mit einer großen Anzahl besonderer Pflanzenarten, die schon früh das besondere Interesse der Hobbybotaniker und Regionalfloristen gefunden haben. Eigenartigerweise treten hier vielfach auch Pflanzenarten auf, die man sonst eher auf sonnenexponierten Trockenhängen über Carbonatgestein erleben kann wie etwa die Blaugrüne Segge *(Carex flacca)*. Charakteristische Arten eines Kalkmoores sind die kleine Torf-Segge *(Carex davalliana)*, die wenigblütige Sumpfsimse *(Eleocharis quinqueflora)* oder das Schwarze Kopfried *(Schoenus nigricans)*.

Heidemoore

Vor allem in Sandgebieten hat die frühere rigorose Waldrodung und die manchmal anschließende Entfernung der krautigen Vegetation durch Plaggenhieb (vgl. S. 150) die Pflanzendecke nachhaltig ge- und zerstört. Wenn dadurch gar der mineralische Bodenhorizont (Unterboden) freigelegt wurde und längere Zeit bloß lag, konnten Winde die feinkörnigen Lockersande leicht verwehen und auch im Binnenland Wanderdünen entstehen lassen. Auf trockeneren Hängen über nährstoffverarmten Böden konnten sich dort mit der Zeit atlantische Zwergstrauchheiden ansiedeln. Ihre Kennarten, darunter auch die markante **Besenheide** *(Calluna vulgaris)*, bewältigen solche ökologisch nicht einfachen Standorte unter anderem durch eine enge Kooperation mit Bodenpilzen: Ihre Feinwurzelenden verbinden sich mit Pilzhyphen und vergrößern auf diese Weise ihre stoffliche Reichweite. Pilzwurzel oder Mykorrhiza nennt man diese nützliche Partnerschaft zwischen völlig unterschiedlichen Ernährungstypen.

Besenheide

In den vom Wind ausgeblasenen Mulden und Senken konnten sich über wassersperrenden Schichten durch Ortsteinbildung jüngere Versumpfungsmoore mit einer recht artenreichen Vegetation entwickeln. Solche in Heidegebieten gelegenen Moorflächen, in Norddeutschland vielfach Schlatts genannt, sind die klassischen Heidemoore. Beispiele finden sich unter anderem im Südzipfel der Niederrheinischen Bucht in der Wahner Heide. Eines der größten noch bestehenden Heidemoore ist das Gildehäuser Venn (Naturschutzgebiet) im westlichen Münsterland.

Verräterisches Pfeifengras

Ob ein Moor einen gestörten Wasserhaushalt aufweist und an der Oberfläche bereits stärker ausgetrocknet ist, lässt sich eindeutig am Vorkommen eines kennzeichnenden Grases festmachen: Das **Pfeifengras** *(Molinia coerulea)* verträgt nur gelegentliche Staunässe und kommt mit betonter Trockenheit bestens zurecht. Pfeifengras blüht erst relativ spät im Sommer. Es überzieht seine Standorte dann mit einer interessanten Farbnote, denn die zahlreichen Staubbeutel sind dunkelviolett und die Rispenäste bläulich überlaufen. Nach der Vegetationsperiode verfärben sich die staksigen Horste dann zunächst kupferbraun bis orange, und im Winter schließlich strohgelb.

Pfeifengras

Beobachtungstipp – Flamingos im Moor?

Das 176 ha große Zwillbrocker Venn liegt im nordwestlichen Münsterland nahe der Stadt Vreden. Nach der Abtorfung entstand hier ein größerer See, der sich unterdessen zu einem äußerst wertvollen, weil artenreichen Lebensraum entwickelt hat. Das Gebiet beherbergt unter anderem die größte binnenländische Lachmöwenkolonie in Deutschland (ca. 16 000 Exemplare) und ist seit einigen Jahren auch Brutplatz einer wenige Dutzend Individuen umfassenden Flamingokolonie. Außer dem auch in Südeuropa verbreiteten Rosa Flamingo kommen hier eigenartigerweise einige Chile- und wenige Karibik-Flamingos vor – offenkundig eine Mischpopulation, die sich aus Gefangenschaftsflüchtlingen rekrutiert hat. Unterdessen sind Bastardbruten beobachtet worden. Auf längere Sicht könnte sich hier also eine neue hybridogene Art entwickeln. Während der kalten Jahreszeit ziehen die Flamingos zu ihrem traditionellen Überwinterungsplatz im niederländischen Rheindelta. Auf einem ca. 6 km langen Rundwanderweg kann man das Venn erkunden und hat von den Aussichtsplattformen am Ostufer auch einen guten Blick auf die übrige Vogelwelt.

Chile-Flamingo *(Phoenicopterus chilensis)*

Natur(schutz)park Lüneburger Heide

Die naive Fortschrittsgläubigkeit des 19. Jahrhunderts hatte für Schönheit, Verletzlichkeit und Schutzbedürftigkeit der Natur fast keinen Sinn. Zögerliche und nur von wenigen getragene Aktionen regten sich erst, als es schon fast zu spät war. So gründete eine Schar enthusiastischer Naturbegeisterter im Jahre 1909 in München den Verein Naturschutzpark (VNP) mit dem Ziel, auch in Mitteleuropa nach dem Vorbild der damals schon bestehenden nordamerikanischen Nationalparks in repräsentativen und offenkundig schutzwürdigen Naturräumen großflächigen Naturschutz zu betreiben. Aus dieser Bewegung ging unter anderem der österreichische Nationalpark Hohe Tauern hervor.

Der Heidepastor Wilhelm Bode (1860–1927) empfahl dem Vereinsvorstand schon im Jahre 1910, auch in der Lüneburger Heide aktiv zu werden, und tatsächlich konnte der private VNP noch im gleichen Jahr den Moränenzug Wilseder Berg ankaufen (seit 1922 preußisches Naturschutzgebiet). Heute besitzt der VNP mit seiner 2002 gegründeten Stiftung «Naturschutzpark Lüneburger Heide» etwa 8500 ha und verwaltet weitere 1200 ha gepachteter Fläche.

Aus der Tätigkeit des VNP entwickelte der Hamburger Getreidehändler Alfred Toepfer (1894–1993) die Initiative, überall in **Deutschland Naturparke** einzurichten, die sowohl dem Schutz und Erhalt von ausgewählten Kulturlandschaften mit ihrer jeweiligen Biotop- und Artenvielfalt dienen, als auch einen natur- und umweltverträglichen Tourismus ermöglichen sollen. Tatsächlich wurde die Lüneburger Heide

140← «Ein lebendes Moor besuchen»

Landschaft in der Lüneburger Heide

schon 1956 der erste Naturpark in Deutschland. Heute ist die Anzahl der Naturparke auf über 100 angewachsen. Sie decken mit rund 8,5 Mio. ha knapp 24 % der Landesfläche Deutschlands ab.

Von Ameisenjungfern und Ameisenlöwen

Ameisenjungfern sind ziemlich große Netzflügler (also Verwandte der Florfliegen) mit libellenähnlichen Flügeln. Während die erwachsenen Insekten den ganzen Tag über mehr oder weniger bewegungslos auf Pflanzen sitzen und nur schwer zu entdecken sind (sie gehen in der Dämmerung auf Jagd nach kleinen Insekten), sind ihre Larven – die Ameisenlöwen – spannende Beobachtungsobjekte. Sie leben im offenen, feinen Sand an regengeschützten Plätzen (z. B. an Abbruchkanten). Etwa 5 cm breite, regelmäßige Trichter im feinen Sand verraten ihre Verstecke. An günstigen Stellen können Sie viele bis Hunderte von Trichtern nebeneinander im Heidesand finden.

→ Ameisenjungfer und -löwe

Der Ameisenlöwe sitzt in der Mitte des Trichters und lauert auf Beute: Betritt eine Ameise oder ein anderes Insekt die schräge Innenseite des Trichters, kommt der feine Sand ins Rutschen und mit ihm das Beutetier. Dann steckt der Ameisenlöwe seinen Kopf aus dem Sand und wirft Sand auf das Opfer, bis es ganz nach unten gerutscht ist. Dort packt der Ameisenlöwe mit den Saugzangen die Beute und saugt sie aus.

Beobachtungstipp

Möchten Sie einmal einen Ameisenlöwen sehen, so nehmen Sie vorsichtig mit einem Löffel die oberste Sandschicht aus der Trichtermitte heraus: Darin sitzt der etwa 1 cm lange Ameisenlöwe, an dessen Kopf Sie die beiden kräftigen, mit spitzen Zähnen besetzten Saugzangen erkennen können. Setzen Sie ihn dann sofort wieder in den Sand zurück, in den er sich rückwärts hineinschiebt. Dann baut er einen Trichter mittels spiraliger Bewegungen.

Fragen

- Woher hat das Pfeifengras seinen Namen?
- Wie lange braucht der Ameisenlöwe, um sich zu einer adulten Ameisenjungfer zu entwickeln?

→197 Antworten

Herbst

1
5
8
3
4
7
6
2

Einleitung Herbst

«Seltsam, im Nebel zu wandern! Einsam ist jeder Busch und Stein ...» Wenn dichte Nebelstreifen über der Landschaft liegen, vielleicht hier und da den Blick freigeben auf eine pastellfarben in Braun- und Grautönen daliegende Moor- und Heidelandschaft, dann ist Herbst. Und dann ist einem vielleicht zumute wie Hermann Hesse, als er im November 1905 dieses Gedicht schrieb. Es locken spannende Erkundungstouren in diese gegensätzlichen Naturräume: Denn nun überzieht die Heide ein lilafarbener Blütenteppich, und auch die Früchte werden reif. Herbst ist's – und was für einer. Lassen Sie sich überraschen!

Wenn die Heide blüht

Eine alte Faustregel besagt, dass die Heide zwischen dem 08.08. und dem 09.09. mit etwa einer Woche Schwankungsbreite besonders heftig in Blüte steht. Sobald also ab August die großen erhaltenen Heidegebiete in Vollblüte prangen, sind sie ein touristischer Attraktionspunkt ersten Ranges: An den Wochenenden werden dann die sonst so einsamen Wanderwege zu wahren Prozessionsstraßen. Von Berlin führt beispielsweise eine bis heute so benannte Heidekrautbahn nach Norden in das Biosphärenreservat Schorfheide-Chorin.

Der Blühaspekt ist zugegebenermaßen umwerfend spektakulär und mag leicht darüber hinwegtäuschen, dass sich mit dieser Üppigkeit nicht die reine Natur, sondern eine jüngere, vom Menschen geschaffene Kulturlandschaft inszeniert (vgl. S. 33).

Oben: Blühende Rosmarinheide
(Andromeda polifolia)

Rechts: Blühende Besenheide
(Calluna vulgaris)

Krautige Sträucher

Viele der krautig aussehenden Sträucher in den heimischen Heiden gehören zu den Ericaceae. Einige von ihnen bilden eher lockere und nur wenig auffällige Bestände, darunter die **Moosbeere** *(Vaccinium oxycoccos)* oder die wintergrüne, mit weithin kriechenden Grundachsen auf Hochmooren wachsende und ziemlich giftige Rosmarinheide *(Andromeda polifolia)*, die auch Polei-Gränke, Sumpfrosmarin, Torfmyrte und Lavendelheide genannt wird. Andere Arten treten gewöhnlich ziemlich individuenreich

→134 «Leckere Früchte aus Moor und Heide»

Besenheide

und geradezu bestandsbildend auf, darunter die häufige **Besenheide** *(Calluna vulgaris*, volkstümlich auch einfach nur Heidekraut genannt) sowie fallweise auch die aparte Glocken-Heide *(Erica tetralix)*. Vor allem wenn diese beiden Arten ab Spätsommer in Blüte stehen, verändert die Heidelandschaft auf äußerst ansprechende Weise ihr Gesicht. Die beiden Hauptarten Besenheide und Glocken-Heide sind übrigens auch interessante Zeigerarten, die schon relativ geringfügige standörtliche Unterschiede verraten. Die Besenheide kommt fast nur auf ziemlich trockenen Wuchsplätzen vor. Die Glocken-Heide mag es dagegen durchweg etwas feuchter und besiedelt daher Senken mit besserer Wasserführung. Eindrucksvoll sind solche Unterschiede in den verheideten Braundünen der Küstengebiete zu sehen.

Einladung zur Blüteninspektion

Um den interessanten Blütenaufbau dieser Gattungen kennenzulernen, braucht man gegebenenfalls nicht einmal ein Heidegebiet aufzusuchen. Verschiedene Besenheide-Formen und *Erica*-Arten finden sich auch überaus sortenreich im Standardangebot von Gartencentern und sind folglich in vielen öffentlichen Anlagen oder Privatgärten für die Nahinspektion vorhanden.

Der genauere Blick mit der Lupe orientiert darüber, dass die Staubbeutel in den Blüten der Heidekrautgewächse auf dem Rücken je zwei lange, spornartige Fortsätze tragen. Wenn ein Insekt die meist hängende Blüte aufsucht und sich leicht rumorend an einem Staubgefäß zu schaffen macht, übertragen diese Sporne die vom Blütenbesucher ausgelösten Erschütterungen auf die Nachbarn und lassen somit den Pollen effektiver herausrieseln. Praktischerweise öffnen sich die Staubbeutel nach dem Salzstreuerprinzip mit einer großen Pore an der Spitze. Bei den Ericaceae bleiben übrigens alle vier Pollenkörner, die sich aus einer Pollenmutterzelle im

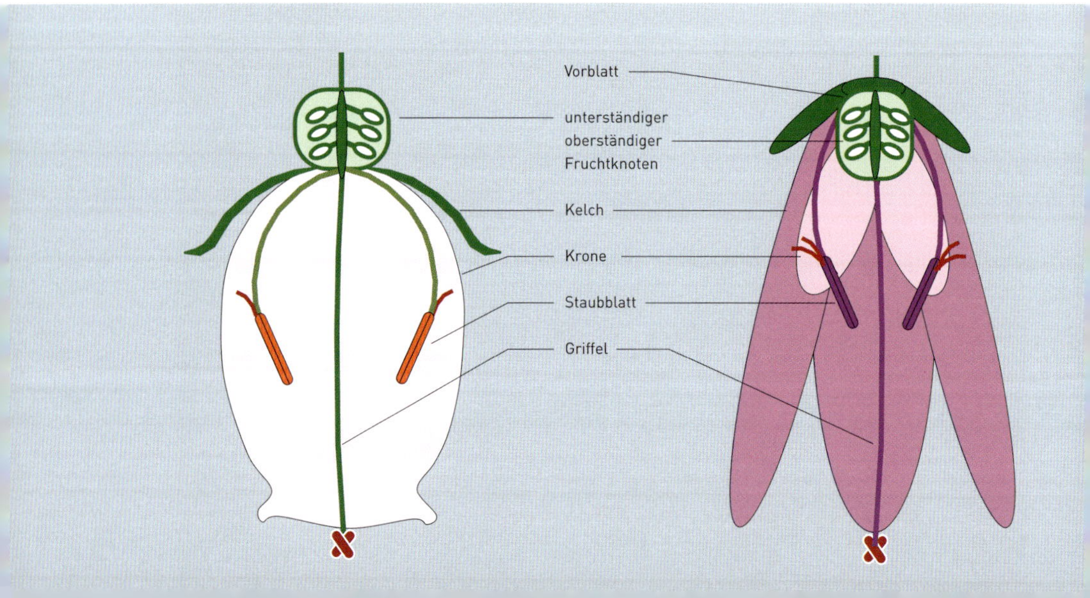

Staubblatt durch Reifungsteilung entwickeln, als Viererpackung zusammen. An solchen Pollenkorntetraden kann man im mikroskopischen Bild einen Heidehonig eindeutig von anderen Honigsorten unterscheiden.

Beobachtungstipp – Heidekrautblüten ganz aus der Nähe

Besenheide *(Calluna)* und Heide *(Erica)* zeigen trotz enger Verwandtschaft einen völlig unterschiedlichen Blütenaufbau: Bei der Besenheide geht die Schauwirkung der attraktiven Blüten von den hellviolett gefärbten Kelchblättern aus. Die weißlichen bis hellpurpurnen Kronblätter sind dagegen eher unscheinbar und deutlich kürzer als der Kelch. Sie umschließen am Blütengrund die acht Nektardrüsen. Außen an der Blüte finden sich vier winzige kelchblattartige Hochblätter.
Die Blüten der *Erica*-Arten zeigen eher die Normalsituation: Ihre Kelchblätter sind grün, und die Kronblätter sind zu einer krugförmigen Glocke verwachsen. Bemerkenswert ist ihre Bestäubungsbiologie: Die kurzrüsseligen Bienen erreichen den Nektar am Blütengrund nicht und die Erdhummeln nur, wen sie seitlich unten ein Loch in die Kronenglocke beißen. Hauptbestäuber sind die im Volksmund als «Gewitterwürmchen» bezeichneten Kleininsekten aus der Ordnung Fransenflügler (Blasenfüße), vor allem die Art *Taeniothrips ericae*. Diese Tiere sind in den meisten Blüten zu finden. Hier findet auch die Larvenentwicklung statt.

Fragen

- Warum erfreut sich Heidekraut in vielen Gärten großer Beliebtheit?
- Welche Heidepflanze ist auch eine Charakterpflanze der Bulten?
- Wie werden die Samen der Rosmarinheide *(Andromeda polifolia)* verbreitet?

→197–198 Antworten

Links: Blütenaufbau (schematisch) bei Glocken-Heide (links) und Besenheide (rechts)

Versponnene Welt: Leben am seidenen Faden

Der taufrische Herbstmorgen bringt es auch in Moor und Heide unübersehbar und ziemlich eindrucksvoll an den Tag: Überall sind zwischen Halmen, Stängeln und Zweigen die zarten Webarbeiten von Radnetz-, Trichter- und Baldachinspinnen ausgestellt. Wie winzige Perlen glitzern die Tautropfen im feinen Fadenwerk. Die Anzahl der Netze gibt eine Vorstellung davon, wie häufig ihre kleinen Bewohner tatsächlich sind und wie individuenreich sie ihren Lebensraum besiedeln.

Segeln im September

Szenenwechsel: In der wärmenden Nachmittagssonne eines Herbsttages driftet eine Menge langer Spinnfäden frei umher und legt sich dem Wanderer wohl auch schon einmal quer ins Gesicht. Es ist Altweibersommer und somit traditionelle Flugzeit für Jungspinnen. Nur die Insekten, die artenreichste Gilde unter den Gliederfüßern, können «richtig», d.h. mit eigenen Flügeln fliegen. Alle anderen Gliedertiere, die eine Luftreise antreten möchten, müssen auf Ersatzlösungen ausweichen. Viele Spinnen setzen dazu die Technik des Fliegenden Fadens ein. Nachdem sie sich unter Umständen mehrfach gehäutet haben, verlassen die Jungspinnen die schützende Obhut des mütterlichen Kokons, klettern auf hohe Stauden oder Sträucher, richten sich auf den Zweigspitzen hochbeinig auf und lassen einen langen Seidenfaden aus den Spinnwarzen am Hinterleib austreten. Der Faden flutet im Herbstwind, und wenn er lang genug geworden ist, hebt er die kleine **Spinne** in die Luft und trägt sie davon. Der Altweibersommerflug ist durchaus eine Luftfahrt ins Ungewisse, hat aber dennoch ein wichtiges Ziel: Sie dient der Eroberung und Besetzung neuer Lebensräume. Oft sind die kleinen Passagiere gar nicht mehr zu sehen, denn die feinen Fäden fliegen auch dann noch weiter, wenn ihre Besatzung längst irgendwo gelandet ist.

← Verschiedene Spinnenarten

Die kunstvoll angelegten Radnetze sehen fast immer geometrisch exakt und sehr ordentlich aus. Etwas misslungen erscheinen dagegen die unregelmäßigen Gespinstmatten, welche die Baldachinspinnen in den Halmdschungeln aufhängen. Die Kunstfertigkeit auch dieser Konstruktion steht außer Frage, aber man fragt sich, wie denn diese Netzfalle eigentlich funktioniert. Gehen Sie vorsichtig an das Netzwerk einer Baldachinspinne heran: Außer der etwas durchhängenden, aber horizontal ausgebreiteten Matte wurde hier noch mehr gesponnen – nämlich ein Gewirr von Fäden, die senkrecht aufgehängt sind und eine Art lockeren Vorhang bilden. Sie haben die Aufgabe, kleine fliegende Insekten ins Taumeln und schließlich zum Absturz in das Fangnetz unter ihnen zu bringen. Dann ist die nächste Mahlzeit gesichert, denn ausnahmslos alle Spinnen sind Fleischfresser. Sie erbeuten hauptsächlich **Insekten**.

103← «Insekten in Moor und Heide»

Oben: Tautropfen im Radnetz einer Spinne

Unten: Mattennetz einer Baldachinspinne (*Linyphia* spp.)

Besonders materialökonomisch arbeiten die Baldachinspinnen gewiss nicht. Bevor ihre Beutefanganlagen stehen oder hängen, haben sie eine Menge Arbeitsmaterial und -zeit aufgewandt. Daher wundert es eigentlich nicht, wenn in der artenreichen Verwandtschaft der Spinnen auch sparsamere Bautechniken entwickelt wurden. Da denkt man beispielsweise an die Kugelspinnen – kleine, rundliche, nur wenige Millimeter große Tiere. Sie hängen zwischen den Halmen sehr einfache Galerien aus Stolperfäden mit Klebetröpfchen auf, die man nur schwer entdecken kann. Umherlaufenden Kleininsekten werden sie aber häufig genug zum Verhängnis. Für sich selbst baut die Kugelspinne eine kleine Gespinsthaube, die wie ein umgedrehtes Vogelnest aussieht. Manchmal umgarnen sie dazu auch einen passend dimensionierten Blüten- oder Fruchtstand.

Beobachtungstipp – Feenlämpchen

Sackspinne

Viel häufiger als die meist am Boden verborgene und nur nachtaktiv als Überraschungsjäger operierende **Sackspinne** *(Agroeca brunnea)* findet man ihre hübschen birnenförmigen und gestielten Eikokons, die der Volksmund Feenlämpchen nennt. Sie bestehen aus einer Ei- und einer Häutungskammer. Äußerlich tarnt das Spinnenweibchen sie oft mit Erdteilchen. Ihre nahe Verwandte, die Art *Clubonia stagnalis*, konstruiert sich eine Wohnkammer zwischen einem geschickt Z-förmig geknickten Schilfblatt. Auch diese Spinne ist nachtaktiv, weswegen die Direktbeobachtung nur selten gelingt.

Fantastische Fadentechnik

In rund 400 Spinndrüsen, die zu mehreren Spinnwarzen am Hinterleib zusammengefasst sind, produzieren die Spinnen ihre Fäden. Diese bestehen aus Protein, sind naturstoffchemisch der Naturseide außerordentlich ähnlich und in ihren Eigenschaften sämtlichen Kunstfasern der modernen Textilchemie haushoch überlegen: Die Reißlänge eines Spinnfadens beträgt tatsächlich etwa 80 km. Die Reißfestigkeit und Belastbarkeit ist sogar viermal so hoch wie die einer Stahlstrippe, an der die Bergbahn hängt. Zudem sind Spinnfäden enorm elastisch: Fliegt ein Insekt mit vollem Tempo in ein aufgespanntes Spinnennetz, so nehmen die Spinnfäden fast die gesamte kinetische Energie auf. Folglich zerstören Fliege und andere Geflügelte zwar das Netz, bleiben aber dennoch an den klebrigen Fäden hängen.

Fragen

- An welchen Körpermerkmalen kann man eine Spinne von einem Insekt unterscheiden?
- Wie erbeutet die Gerandete Jagdspinne *(Dolomedes fimbriatus)* Insekten, kleine Fische und Kaulquappen?

→198
Antworten

Kokon einer Feenlämpchen-Spinne
(Agroeca brunnea)

Pollenanalyse: Ein Torfprofil als Zeitleiste

Pollenkörner überraschen mit einer außerordentlich verschiedenartigen Form- und Gestaltgebung. Diese blieb den Mikroskopikern, die sich im Bereich der Blüten genauer umsahen, natürlich nicht lange verborgen. Auf der Basis dieser Formverschiedenheit entwickelten sich mit der Pollenkornforschung (Palynologie) besonders ergiebige Arbeits- und Beobachtungsfelder mit interessanten praktischen Anwendungsmöglichkeiten. Der in Bologna wirkende italienische Arzt und eifrige Naturforscher Marcello Malpighi (1628–1694) war nach der Erfindung des zusammengesetzten Mikroskops offenbar der Erste, der schon um 1675 Blütenpollen entdeckte, untersuchte und detailliert beschrieb. Schon bald nach ihm regte der ungewöhnliche Formenreichtum der Pollen viele Bearbeiter zu eingehenderen Untersuchungen an. Bereits im frühen 19. Jahrhundert galt es als gesicherte Erkenntnis, dass man die besondere Form der Pollenkörner als kennzeichnendes Merkmal bei der Pflanzenbeschreibung verwenden kann. Pollenkörner sind gleichsam die Ausweise der verschiedenen Pflanzenarten.

Staubfeine Massenware

Windblütige Pflanzen, darunter fast alle Waldbäume, produzieren wesentlich mehr Pollen als die tierbesuchten Arten. Eine einzige ausgewachsene Fichte setzt jährlich etwa 50 Milliarden Pollenkörner an die Luft. Würde man die Pollenproduktion nur der mitteleuropäischen Nadelbäume gleichmäßig auf die Fläche Mitteleuropas verteilen, so kämen immerhin etwa 200 Millionen (!) Pollenkörner auf jeden Quadratmeter. Der Pollen der windblütigen Arten ist daher so gut wie allgegenwärtig. Pollen wird über die Luftroute über weite Strecken verfrachtet und landet nicht nur planmäßig auf einer anderen Blüte der gleichen Art, sondern gerät eher unplanmäßig auch auf See- oder Mooroberflächen. Der Pollenniederschlag auf einem solchen Depot spiegelt also in gewissen Grenzen jeweils den Mengenanteil der im weiteren oder näheren Umfeld vorhandenen windblütigen Arten wieder. Zudem sind Pollen mikrobiell praktisch unzerstörbar. Die Pollenkornwand besteht nämlich aus dem Naturstoff Sporopollenin, und der ist im Gegensatz zu anderen Pflanzenbestandsteilen gegen alle möglichen Zerstörungsattacken fast völlig resistent. Ein Pollenkorn überdauert daher gegebenenfalls sogar **geologische Zeiträume** von Jahrzehntausenden. Ihr Mengenanteil in natürlichen Pollenfallen wie Stillgewässern oder Mooren dokumentiert somit die epochenabhängig wechselnde Pollenanlieferung durch die Luft und schreibt damit buchstäblich Vegetationsgeschichte.

173← «Archäologie der alten Spuren»

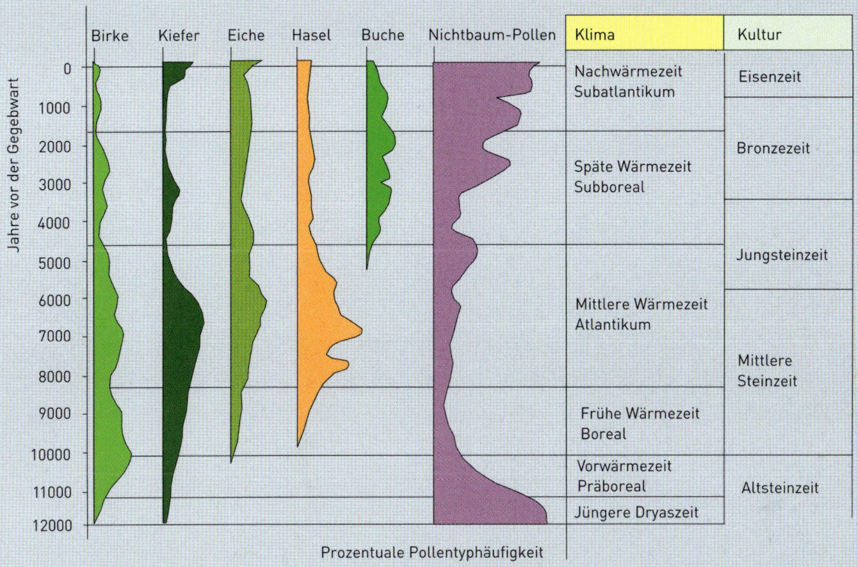

Fossile Pollen im Torf

Die Pollenanalyse von **Torfproben** ist folglich von enormer Bedeutung einerseits für die Archäologie, andererseits aber auch für die Rekonstruktion der nacheiszeitlichen Vegetationsentwicklung und Wiederbewaldung. Torfmoore hat man daher zutreffend als Archive der Vegetationsgeschichte bezeichnet, weil die übereinanderlagernden Torfschichten mit ihren wechselnden Pollenspektren die postglaziale Vegetationsentwicklung minutiös festgehalten haben. Je nach Lage einer Torfprobe im Profil ist nämlich mit unterschiedlichen Prozentanteilen bestimmter Baumarten zu rechnen. Während in Mitteleuropa vor 10 000 bis 7000 Jahren vorwiegend Birken und Kiefern das damalige Waldbild Mitteleuropas beherrschten und diese beiden Arten mit einem entsprechend hohen Pollenanteil vertreten sind, tritt erst vor etwa 3000 Jahren die Rot-Buche stärker in Erscheinung. In jüngeren Pollenspektren bilden sich die großen Rodungsperioden des Mittelalters ebenso ab wie der Beginn großer Offenlandkulturen mit Grünlandwirtschaft und Getreideanbau oder die forstliche Verwendung von Nadelhölzern außerhalb von deren natürlichen Verbreitungsgebieten.

→40 «Geschichtete Geschichte»

Umgekehrt kann man eine Torfprobe allein anhand ihres Pollengehaltes zeitlich relativ genau einordnen. Wenn die betreffende Torfschicht ein archäologisch relevantes Fundstück enthält, kann man fast jahrzehntgenau bestimmen, ob es

Pollendiagramm aus der Torffüllung eines Eifelmaares (vereinfacht)

beispielsweise aus der Hasel-Kiefer-Zeit (Mittelsteinzeit), aus der Eichenmischwald-Phase (Jungsteinzeit) oder aus historischer Zeit stammt. Zusammen mit der Radiokarbon-Methode (^{14}C-Methode), mit der man die Restmengen an radioaktivem Kohlenstoff in organischem Material bestimmt, kann man anhand der Pollenspektren eine bestimmte Torfprobe und damit das Mooralter erstaunlich genau datieren.

Fragen

- Wie alt sind die ältesten Schichten eines Hochmoors?
- Worauf kann man auch durch Pollenanalyse von Torfbohrproben Rückschlüsse schließen?

198← Antworten

Atlantische Küstenheiden

Zwergstrauchheiden kommen in vielen Teilregionen Europas vor. Meist sind sie relativ kleinflächig und fallen als besondere Pflanzengemeinschaften nicht besonders auf. Aber wenn sie erblühen, erhält die Landschaft ein neues Kleid. Das beweisen die kalenderblattreifen Aufnahmen aus der **Lüneburger Heide** oder anderer Zwergstrauchheiden. Ausgedehnte Heideflächen finden sich beispielsweise auch in den Dünen der friesischen Nordseeinseln. Auf den meisten Ostseeinseln, beispielsweise auf Rügen und Usedom, fallen die Flächen wegen des kulturlandschaftlichen Rahmens meist etwas kleiner aus. Ein eindrucksvolles Beispiel bietet unter anderem Hiddensee.

→114 «Natur(schutz)-Park Lüneburger Heide»

Leitfarbe Ginstergelb

Der **Europäische Stechginster** *(Ulex europaeus)* ist die größte Art der Gattung und kommt ostwärts bis zu den nordfriesischen Inseln vor. Er säumt beispielsweise individuenreich die Bahnstrecke über den Hindenburgdamm auf die Insel Sylt. In Westeuropa beginnt seine Blütezeit im Oktober und erreicht ihr Optimum im Mai. Damit ist er ein klassischer Winter- und Frühjahrsblüher. Flächige, dreiteilige Blätter existieren nur im Keimlingsstadium. Später trägt die Pflanze nur noch unangenehm starre und extrem spitze Dornblätter.

→ Europäischer Stechginster

In den Küstenheiden Westeuropas tritt dagegen vor allem der ungefähr halbmeterhohe Kleine Stechginster *(U. minor)* mit kurzen, geraden, ungemein dicht stehenden Dornblättern und höchstens 1 cm langen Blüten auf – er blüht von Juli bis Oktober. Der sehr ähnliche, aber etwas südlicher verbreitete Gallische Stechginster *(U. gallii)* blüht von August bis Dezember, trägt gebogene, bis 4 cm lange Dornen und ungefähr 1,2 cm lange Blüten. Im gemeinsamen Verbreitungsgebiet blüht demnach immer eine der erwähnten Spezies. Alle Stechginster-Arten blühen intensiv zitronen- bis dottergelb und lassen wegen ihrer Flächendominanz die besiedelten Standorte in einer unglaublichen Farbwoge versinken.

Kontrapunkte in Pink

Im nördlichen Mitteleuropa kommen zwar etliche Heidekrautgewächse vor, aber tatsächlich bestimmen nur die beiden Arten **Besenheide** *(Calluna vulgaris)* und Glocken-Heide *(Erica tetralix)* während ihrer Blütezeit die Szene. In Westeuropa ist das völlig anders: In das intensive Gelb der Stechginster-Arten, mischt sich fleckenweise das kräftige Violettpurpurn der Grau-Heide *(Erica cinerea)*, die von Juni bis September blüht, oder das hellere Rosarot der etwas größeren Wimper-Heide *(E. ciliaris)*,

→ Besenheide

Links: Atlantische Küstenheide

die ihre Blühphase bereits Ende August beschließt. Stellenweise beteiligt sich auch die etwas hellere Cornwall-Heide *(E. vagans)*, die bis Ende September blüht. Man erkennt sie daran, dass ihre Staubblätter weit aus der kurzen Krone vorragen.

Alle Mitglieder der benannten Gattungen und Arten unterliegen an ihren windoffenen Küstenstandorten den permanenten Windschureffekten. Sie bilden daher teppichartige, völlig undurchdringliche Kleindickichte, die der Tierwelt viele willkommene Versteckmöglichkeiten bieten. An trockenen, heißen Sommertagen knackt und knistert diese Küstenheide unentwegt geheimnisvoll: Jetzt öffnen sich geräuschvoll die bereits reifen Hülsen der Heide-Ginster und setzen ihre glänzenden, mit einer gelblichen **Ameisen**-Lockspeise (Elaiosom) ausgestatteten Samen frei.

←
Ameisen

Fragen

- Welche Substanz enthalten die Samen des Europäischen Stechginsters *(Ulex europaeus)*?
- Welche Standortbedingungen braucht die Glocken-Heide *(Erica tetralix)*?
- Wo liegt das größte Heidegebiet an der deutschen Nordseeküste?

198–199←
Antworten

Stechginster *(Ulex europaeus)*

Blütenstand der atlantisch verbreiteten
Grauen Heide *(Erica cinerea)*

Leckere Früchte aus Moor und Heide

Viele naturbegeisterte Menschen haben längst entdeckt, dass in der heimischen Natur eine Menge Pflanzenarten mit interessanten kulinarischen Verwendungsmög-
153← «Furioses Finale»
lichkeiten vorkommen. Vielfach sind es solche Arten, die als **kräftige Farbtupfer** auf Wiesen, als grüne Bodenschätze im Wald oder einfach nur als Eckensteher an allen Wegen vorkommen. Manche Arten sind seit Jahrtausenden Kulturfolger des Menschen und wachsen überall dort, wo er Feldfrüchte anbaut. Andere gelangten erst als Gartenflüchtlinge in die heimische Flora.

Die sicherlich bekannteste Art unter den Fruchtlieferanten ist die Heidel- bzw. Blaubeere *(Vaccinium myrtillus)*, ein sommergrüner, reich verzweigter, dichtblättriger Zwergstrauch mit bis zu 50 cm Wuchshöhe. Seine Äste sind nur an der Basis stärker verholzt. Die grünen, kantigen Zweige sind zwar zäh, aber biegsam. Die matt hellgrünen Blätter sind wechselständig, kurz gestielt, 2–3 cm lang und etwa 1 cm breit, länglich oval, zugespitzt, an der Basis gerundet und fein gesägt. Im Herbst färben sie sich oft prächtig goldgelb bis karminrot um. Besonders hübsch sind die vier- oder fünfzähligen Blüten. Ihre Kronen sind krugförmig-glockig, grünlich weiß oder kräftiger rot. Die saftige, blauschwarze Beerenfrucht reift ab Juli. Nach reichlichem

Heidelbeere *(Vaccinium myrtillus)*

Heidelbeergenuss bekommen Zähne und Zunge einen kräftigen Blaustich. Auf der Zunge verliert er sich in kurzer Zeit von selbst, von den Zähnen ist er mit der Zahnbürste erst nach längerer Aktion zu entfernen.

Die Gewöhnliche Moosbeere oder Moorbeere *(Vaccinium oxycoccos = Oxycoccus palustris)* ist ein immergrüner, kriechender Zwergstrauch mit auffällig dünnen, fast fädigen und biegsamen Ästen bis zu 80 cm Länge. Die wechselständigen Blätter sind kurz gestielt und sehr klein: Sie werden max. 10 mm lang und etwa 5 mm breit. Oberseits erscheinen sie dunkelgrün und etwas glänzend, unterseits blaugrün bereift. Die blassrosa oder kräftiger rötlichen Kronen der Blüten schlagen die bis zum Grunde freien Kronzipfel weit zurück. Die Beere wird bis 1 cm dick, ist reif gelb- oder hochrot. Moosbeeren wachsen auf **Torfmoospolstern** in Hochmooren. Häufig sind sie nur in den Tundrengebieten Skandinaviens. In Mitteleuropa sind sie eher selten und fast nur in Naturschutzgebieten anzutreffen – daher sollte und darf man sie an diesen Standorten auf keinen Fall sammeln!

→44 «Winzige Landschaftsgestalter»

Die attraktiven, aber ziemlich herb-sauren Früchte schmecken übrigens erst nach kräftigem Frost. Als vollwertige Alternative empfehlenswert ist die ähnliche, aus Nordamerika stammende und dort kultivierte Großfrüchtige Moosbeere oder Krannbeere *(Vaccinium macrocarpon)* mit ihren bis zu 2 cm dicken Beeren. In Mitteleuropa ist diese Art als Kulturflüchtling an einigen Orten auf den Nordseeinseln, im Schwarzwald, in Bayern und in der Schweiz eingeschleppt worden.

Moosbeere *(Vaccinium oxycoccos = Oxycoccus palustris)*

Ein sehr geschätzter Fruchtstrauch ist die Preiselbeere *(Vaccinium vitis-idaea)*, ein immergrüner, bis etwa 30 cm hoher Zwergstrauch mit kriechenden Sprossachsen und aufsteigenden, mäßig verzweigten Ästen. Die wechselständigen Blätter sind bis 2 cm lang, elliptisch bis oval, glattrandig, oberseits glänzend dunkelgrün, unterseits hellgrün mit dunkleren Punkten. Die vier- oder fünfzähligen Blüten entwickeln sich zahlreich in hängenden Trauben mit krugförmiger, cremeweißer, leicht rosa überlaufener Krone. Die Beerenfrucht ist kugelig, bis 1 cm groß, zunächst weißlich und später, wenn sie reif ist, scharlachrot. Die Art kommt an Moorrändern, in lichten Nadelwäldern und Zwergstrauchheiden in Nord- und Mitteleuropa vor, ferner in Grönland und in Nordamerika von Neufundland bis Alaska. In Deutschland ist sie als Wildpflanze eher selten, aber in Gärten leicht zu kultivieren. In Südskandinavien gibt es Preiselbeer-Plantagen. Die Art wird regional auch Kronsbeere genannt, ist aber nicht identisch mit der Krannbeere (siehe oben).

Mit der recht häufigen Rausch- oder Trunkelbeere (*Vaccinium uliginosum*, auch Moorbeere genannt) stellt die Familie der Heidekrautgewächse einen weiteren bemerkenswerten Vertreter, nämlich einen sommergrünen, buschig verzweigten Zwergstrauch mit liegenden Stämmchen und aufrechten Zweigen, der bis 75 cm hoch werden kann. Seine rundlichen Blätter sind wechselständig, ungeteilt, gestielt und bis 2,5 cm lang. Ihr besonderes Kennzeichen ist die Färbung: Oberseits sind sie mattgrün, unterseits aber auffällig blaugrün. Die glockig-krugförmigen Kronen sind cremeweiß, aber am Grunde intensiv rötlich. Die bis 1 cm großen und kugeligen

Preiselbeere *(Vaccinium vitis-idaea)*

Beeren enthalten ein farbloses Fruchtfleisch und Saft. Sie reifen ab August. Die Art kommt am Rande von **Hochmooren**, in Moorwäldern, lichten Nadelwäldern und Zwergstrauchheiden vor. In den Gebirgen Nord- und Mitteleuropas ist sie nicht selten. In den Nordalpen trifft man sie bis in 2400 m Höhe an. Die reifen Früchte schmecken deutlich weniger aromatisch als die der verwandten Arten, nämlich meist ziemlich fad bis säuerlich. Nach Literaturangaben sollen in größeren Mengen (ca. 300 g und mehr) verzehrte Beeren eine leicht berauschende Wirkung haben und sogar Schwindel, Hitzegefühl oder Sehstörungen hervorrufen, wovon der regional übliche Name «Trunkelbeere» herrührt. Ein solche Symptome hervorrufender Inhaltsstoff wurde jedoch nie gefunden. Die Fachwissenschaft vermutet daher, dass gelegentlicher Pilzbefall der Beeren (beispielsweise durch *Sclerotinia megalospora*) für die Symptome verantwortlich ist. Sicherheitshalber sollte man Rauschbeeren daher nicht sammeln.

→ Lebensraum Hochmoor

Fragen

- Woher stammt der Name Krannbeere?
- Wodurch lassen sich die ähnlichen Früchte der Heidelbeere und der Rauschbeere voneinander unterscheiden?

→199 Antworten

Rauschbeere *(Vaccinium uliginosum)*

Moorlichter und Irrgeister

In vielen Geschichten über das Moor tauchen sie auf – züngelnde, fahlblaue Flämmchen, die über Kolken und Schlenken tänzeln und den verängstigten Moorwanderer in der Dunkelheit vom trittfesten Pfad ablenken. Das hört sich zunächst nach Spukgeschichten im Stil von Annette von Droste-Hülshoff an (vgl. Einleitung), wären da nicht auch die übereinstimmenden Berichte kritischer Autoren, die der ernst zu nehmenden Wissenschaftsszene etwas näher stehen. Offenbar muss diese seltsame Erscheinung doch einen wahren Kern haben.

Tatsache ist, dass beim Stoffabbau ohne freien Sauerstoff (unter anaeroben Bedingungen) im Moorboden mengenweise der einfachste Kohlenwasserstoff Methan (CH_4) entsteht. Die Methanerzeuger sind spezielle Mikroorganismen, die in ihrem Stoffwechsel Kohlenstoffdioxid (CO_2) in einer stationenreichen Reaktionskette zu Methan reduzieren. Solche Methanbakterien kommen auch im Pansen der Wiederkäuer vor. Sie gehören einer besonders urtümlichen und mit vielen sonstigen ausgefallenen Eigenheiten ausgestatteten Verwandtschaft an, sodass man sie aus den üblichen Bakterien ausgesondert und in eine eigene Domäne, die Archaea (Urbakterien), gruppiert hat. Das von ihnen freigesetzte Methan nennt man fallweise auch Moor-, Sumpf-, Faul- oder Grubengas. Es ist auch Bestandteil im Erdgas.

Methan ist ungiftig, farb- und geruchlos. Seine Zündtemperatur, bei der es sich entflammt und wieder zu CO_2 und H_2O verbrennt, liegt allerdings bei ungefähr 500 °C. Solche Temperaturen kommen auch in einem Moor normalerweise nicht vor, sodass man eine spontane Selbstentflammung getrost ausschließen kann. Bei einem direkten Blitzeinschlag könnte sich jedoch eine über dem Moor schwebende Methanwolke durchaus entzünden und dann eventuell über die kontinuierlich nachliefernden Methanquellen noch eine Weile in Form einzelner Flämmchen weiter erhalten. Dieser Erklärungsansatz ist jedoch bestenfalls hypothetisch. Klare experimentelle Fakten fehlen leider zu diesem (angeblichen) Phänomen, sodass ein unerklärter Rest von Gespensterspuk bleibt. Im Moor treten eventuell auch noch andere Lichterscheinungen auf, deren Einzelheiten wissenschaftlich allerdings gut erforscht sind: Ähnlich wie die «Glühwürmchen», die in lauen Sommernächten aktiven Leuchtkäfer, können unter anderem auch manche Pilze ein geheimnisvoll grünliches Glimmlicht aussenden. Dieses Phänomen ist unter der Bezeichnung Biolumineszenz bekannt und zeichnet sich dadurch aus, dass das ausgesendete Licht fast ohne Wärmeverlust abgestrahlt wird.

Fragen

- Welche Gase könnten auch bei der Entstehung von Irrlichtern beteiligt sein?
- Wie lange brennt ein Irrlicht?

→199
Antworten

Dichter Nebel über dem Moor: Der Auftritt der Moorgeister steht kurz bevor.

Ein lebendes Moor besuchen

72← «Bulten und Schlenken»

«Stiefel an und rein ins Moor» ist keine gute Idee: Wer einfach nach Wildschweinmanier allein oder gar mit einer Wandergruppe durch ein Niedermoor stiefelt oder ein Hochmoor von **Bult** zu Bult quert, hinterlässt eine lange verbleibende Spur der Verwüstung in einem hochsensiblen und unbedingt schützenswerten Ökosystem. Kein verantwortungsbewusster Naturfreund wird sich diesem Vorwurf aussetzen wollen, zumal die wenigen noch erhaltenen Moore mehrheitlich als Naturschutzgebiete ausgewiesen sind.

Moore können trotzdem vielerorts gut besucht werden: An zahlreichen Orten mit intakten Mooren gibt es empfohlene Wanderwege, die an einen Moorstandort heran- oder an ihm entlangführen. Oft gibt es auch trockene Wege zwischen einzelnen Moorflächen. Man braucht also die Wege gar nicht zu verlassen. Von hier aus sind – zumal per mitgeführtem Fernglas – nahezu alle wichtigen biologischen Facetten und auch die meisten interessanten Arten zu sehen. Manche Moorgebiete kann man auf eigens angelegten Holzstegen durchwandern und so die extrem trittempfindliche Vegetation schonen. Die nachfolgende Auflistung einzelner Anlaufpunkte ist keine Ausschließlichkeits-, sondern lediglich eine Empfehlungsliste:

Moore in Österreich

Die weitaus meisten der insgesamt etwas mehr als 1500 in Österreich vom Umweltbundesamt offiziell erfassten Moore liegen in den Bundesländern Kärnten, Salzburg, Steiermark, Tirol sowie Vorarlberg und somit im inneralpinen Raum. Meist handelt es sich hier um Talkessel- oder Flussauenmoore, die wegen des topografisch vorgegebenen Rahmens oft kaum größer als 20–60 ha sind. Etliche der bedeutenderen Moore sind seit 1983 nach der Ramsar-Konvention geschützt, einem 1971 begründeten internationalen Übereinkommen zum Schutz von Feuchtgebieten mit unterdessen über 150 Signatarstaaten. Viele der österreichischen Moore sind zudem Bestandteil des europaweiten Schutzgebietsystems Natura 2000. An einigen Mooren befinden sich Moorlehrpfade, so beispielsweise in Heidenreichstein/Niederösterreich, am Koopler Hochmoor/Salzburg und am Dürnberger Moor/Steiermark. Seit 2006 hat der österreichische Naturschutzbund die Öffentlichkeitsarbeit für die Ramsar- und sonstige Schutzgebiete übernommen und bietet Vorträge, Führungen sowie Beobachtungsexkursionen an. Weitere Information und aktuelle Angebote von Geländeaktivitäten finden sich unter:
www.naturschutzbund.at/projekte-aktionen

Oben: Das Rheindelta am Bodensee

Unten: Das Rothenthurm-Moor im Kanton Schwyz (Schweiz)

Ein besonders interessantes und erlebniswertes Gebiet ist das Naturschutzgebiet Rheindelta Bodensee im Bundesland Vorarlberg, das größte Süßwasserdelta Europas. Das Schutzgebiet umfasst etwa 700 ha Land- und 1300 ha Wasserfläche, wobei die Festlandanteile eine lebhaftes Lebensraummosaik unter anderem mit Streuwiesen, Pfeifengrasbeständen, kalkreichen Flachmooren, Auengehölzen und Seggenriedern aufweisen. In diesem Gebiet sind bislang etwa 330 Vogelarten nachgewiesen worden.

Moore in der Schweiz

Eines der bekanntesten Schweizer Moore ist das Rothenthurm-Moor im Kanton Schwyz. Hier plante die Armee in den 1980er-Jahren die Einrichtung eines Waffenplatzes inmitten der Moorflächen, was unter den Naturschützern eine heftige Protestbewegung auslöste, 1983 in eine nationale Initiative zum Schutz der Moore mündete und schließlich dazu führte, dass der «Rothenthurm-Artikel» 1987 Eingang in die schweizerische Bundesverfassung fand. Danach sind alle vom schweizerischen Bundesamt für Umwelt (BAFU) in einem Moorinventar erfassten Nieder- und Hochmoore grundsätzlich geschützt, weil sie ausnahmslos als Lebensräume von nationaler Bedeutung gelten.

Der Étang de la Gruère im Kanton Jura (Schweiz)

Eines der vielen erlebniswerten Moore in der Schweiz ist der rund 600 m lange und höchsten 4,5 m tiefe Étang de la Gruère, ein seit dem 17. Jahrhundert gestauter Moorsee auf knapp 1000 m ü. NN in einer Mulde auf dem Hochplateau der Freiberge im Kanton Jura. Zusammen mit zwei weiteren kleineren Moorgewässern und einem umgebenden Waldgebiet ist er Bestandteil eines rund 1 km² großen Naturschutzgebietes. Die zuunterst liegenden Torfschichten im etwa 8 m mächtigen Hochmoorkomplex sind mindestens 12 000 Jahre alt.

Moore in Deutschland

Internationaler Naturpark Bourtanger Moor/Bargerveen (Deutschland/Niederlande): Liegt westlich der Ems. Es ist mit einer Fläche von rund 200 km² eines der ausgedehntesten Moore Deutschlands. Der in die Niederlande übergreifende Naturpark weist zudem ausgedehnte Heideflächen auf und präsentiert sich aufgrund des abwechslungsreichen Landschaftsmosaiks als empfehlenswerter Erlebnisraum für natürliche und kulturelle Schätze. Auf der niederländischen Seite – im Bargerveen – sind noch einige Hochmoorstücke vorhanden bzw. in der Renaturierung. Auf annähernd 200 km Radwegen und 30 km Wanderwegen kann man das Gebiet erkunden. Informationen: www.naturpark-moor.eu

Auch (nahezu) monochrome Moornatur kann außerordentlich faszinieren

Hohes Venn im Deutsch-Belgischen Naturpark (Deutschland/Belgien): Das Naturparkzentrum Botrange in Belgien ist Ausgangspunkt vieler Erkundungsmöglichkeiten auf Bohlenwegen und bietet ein pädagogisch empfehlenswert ausgereiftes Gesamtkonzept zum Kennenlernen dieser einzigartigen Landschaft nach Maßgabe des sanften, die Belange der Natur respektierenden Tourismus an. Informationen: www.hautes-fagnes-eifel.be

Wümme-Niederung mit angrenzendem Niedermoor (nahe Worpswede)

Teufelsmoor: Nördlich von Bremen, im eiszeitlichen Schmelzwassertal von Hamme, Wümme und Wörpe liegt das ursprünglich einmal 500 km² große Teufelsmoor (verballhornt aus *taubes Moor*). Aufgrund des bis 2012 vorgenommenen Torfabbaus hat das Teufelsmoor viel von seiner Ursprünglichkeit verloren, ist aber in seiner landschaftlichen Vielfalt immer noch ein unbedingt erlebniswertes Gebiet. Informationen:
www.kulturland-teufelsmoor.de

Naturschutzgebiet Heiliges Meer: Das Große Heilige Meer ist nach pollenanalytischen Daten ungefähr 1100 Jahre alt, das Kleine Heilige Meer etwa 2000. Ein drittes Gewässer, der Erdfallsee, entstand erst im April 1913 durch Einstürze im Untergrund. Im Naturschutzgebiet kann man verschiedene Waldtypen (darunter auch Erlenbruchwälder), einige Brachen und Heiden sowie nährstoffarme Heidegewässer erleben. Informationen:
http://www.lwl.org/LWL/Kultur/lwl-naturkunde/heiliges-meer

Murnauer Moos: Es ist mit rund 42 km^2 Fläche das größte zusammenhängende Moor Mitteleuropas. Es umfasst eine vielfältig gegliederte Landschaft mit Streu- bzw. Nasswiesen, Nieder- und Übergangsmooren, kalkreichen Sümpfen, Quelltrichtern, Altwassern und Hochmoorkomplexen mit Torfmächtigkeiten bis 25 m. Informationen für die Erkundung zu Fuß oder per Rad bieten die örtlichen Informationsstellen der Regionaltouristik, beispielsweise in Murnau.

Erdfallsee im Naturschutzgebiet Heiliges Meer bei Rheine

Natur und Kultur am Federsee: Die oberschwäbische Landschaft östlich des Bodensees enthält bis heute viele kleinere Moore. Eines davon – der Federsee – gilt als archäologisch besonders bedeutsam. Er ist daher – zusammen mit anderen Standorten in Deutschland, Frankreich, Österreich, Italien, Slowenien und der Schweiz – in das UNESCO Welterbe der prähistorischen Pfahlbauten aufgenommen worden. Informationen:
www.federseemuseum.de

Wurzacher Ried: Zu den besonders bedeutenden Hochmoorgebieten im süddeutschen Alpenvorland gehört das Wurzacher Ried. Informationen:
www.naturschutzzentren-bw.de

Beobachtungstipp – Schwimmendes Moor – im Tidenrhythmus auf und ab

Der Jadebusen ist eine Meeresbucht westlich des Weser-Ästuars. Er weist auf seinem Ostufer mit dem Sehestedter Außendeichmoor das letzte und weltweit einzige in einer nicht eingedeichten Marsch befindliche Regenmoor auf. Der Jadebusen entstand vermutlich 1164, als die verheerende Julianenflut den schützenden Marschgürtel durchbrach und bei späteren Sturmfluten immer weiter in die rückwärts gelegenen Moorflächen eindringen konnte. Schon 1725 baute man einen Deich durch das Sehestedter Moor und kultivierte seine binnendeichs gelegenen abgetorften Flächen. Außendeichs blieben die Moorreste dagegen ein Spielball der Gezeiten. Heute umfasst das noch vorhandene Restmoor eine Fläche von etwa 10 ha; um 1800 waren es noch rund 100 ha. Bei Springflutständen von 3,5 m über dem mittleren Wasserstand (NN) schwimmen die jüngeren Weißtorfdecken wie Pontons auf. Dabei brechen randlich immer wieder einzelne Partien ab, werden von den Gezeitenströmen allmählich aufgearbeitet und in die Anschlickung einbezogen: Hier zerstört die dynamische Natur also einen in der Marsch gelegenen Moorrest von selbst. Der größte Teil dieses Moores sind heute Salzwiesen. Vom Deich oder einem unlängst eingerichteten Bohlenweg aus gewinnt man einen eindrucksvollen Überblick über dieses Geschehen.

Kurzinformationen Herbst

Schnuckelig: Vierbeinige Landschaftspfleger

Ausgedehnte Heidegebiete wie die Lüneburger Heide sind schon vor Jahrhunderten durch die Rodung der ursprünglichen Wälder entstanden. Sie wären in der Zwischenzeit längst wiederbewaldet und trügen einen Eichen-Hainbuchen-Wald, gäbe es nicht die Schafbeweidung, die den Spontanaufwuchs von Baumsämlingen systematisch unterdrückt, die Biotope offen hält und damit den besonderen Landschaftscharakter bewahrt. Offenland-Lebensräume sind für viele Arten völlig unentbehrlich. Das erklärt, warum ausgesprochene Kulturlandschaftsbiotope wie **Heiden** dennoch äußerst wertvolle Naturschutzgebiete sind.

33← «Vom Moor zur Heide»

Ursprünglich nur in der Lüneburger Heide, heute aber auch anderswo, setzt man zur Biotoppflege eine bewährte Lokalrasse ein, die Graue Gehörnte Heidschnucke, die von den wilden Bergschafen Korsikas und Sardiniens abstammt. «Schnucken» ist die mundartliche Bezeichnung für «naschen». Bevorzugtes Naschwerk dieser Schafe ist das Heidekraut *(Calluna vulgaris)*. Der ständige Verbiss fördert dessen Verjüngung und lässt Baumsämlingen von Eiche oder Hainbuche keine Chance, die lichtbedürftigen Heidesträucher allmählich in den Schatten zu stellen.

Kopf, Schwanz und Beine der Heidschnucke sind schwarz. Die Lämmer werden stets schwarz geboren. Ihre Wolle färbt sich erst innerhalb des ersten Jahres auf das charakteristische Dunkel- bis Silbergrau um. Beide Geschlechter tragen Hörner; bei den Böcken sind sie prachtvoll schneckenartig gewunden und erinnern an den

Heidschnucken-Herde

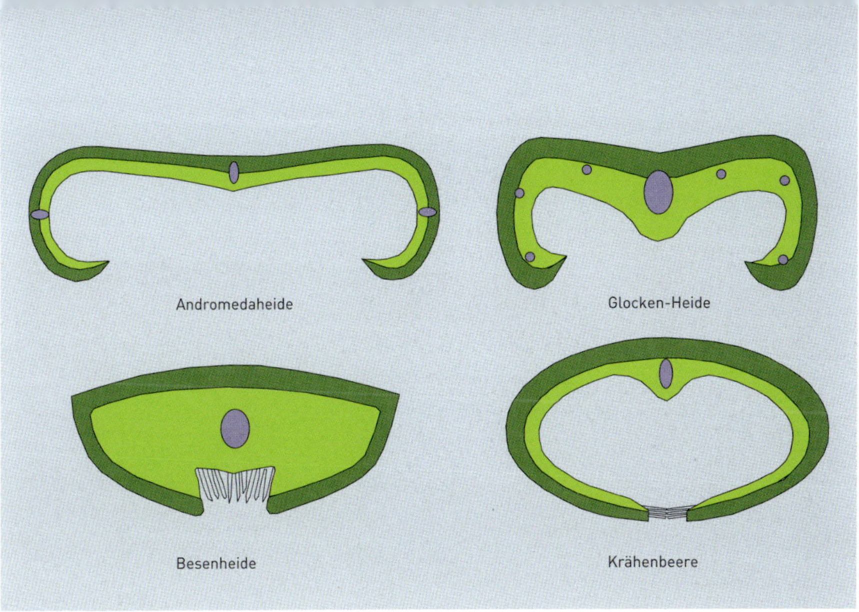

eindrucksvollen Kopfschmuck der Mufflons, von denen man eine ganze Herde im niederländischen De Hoge Veluwe-Nationalpark bei Arnhem erleben kann. Seit den 1920er-Jahren hat sich das Gewicht der Heidschnucken bedingt durch Auslesezucht um rund 50 % gesteigert. Im Emsland hält man als ebenfalls recht genügsame Rasse die Weiße Gehörnte Heidschnucke, zwischen Weser und Elbe eher die Weiße Hornlose Heidschnucke (= Moorschnucke). Wegen seines wildbretähnlichen Geschmacks gilt das Fleisch dieser alten Landrassen als besondere Delikatesse.

Wie Wasser abdichtet

Die frühere rigorose Nutzung der ursprünglichen Eichenmischwälder im küstennahen nördlichen Mitteleuropa hat in weiten Gebieten nicht nur das Bild der Vegetation nachhaltig verändert, sondern auch den Untergrund umgebaut und einen durch besondere Nährstoffarmut gekennzeichneten Bodentyp entstehen lassen. Den in den ausgedehnten norddeutschen Sanddecken ohnehin sehr geringen Gehalt an Tonmineralen haben Niederschlags- und Sickerwasser zusammen mit Eisen- und Aluminium-Ionen sowie Huminstoffen in tiefere Schichten verlagert. So entstanden im Laufe vieler Jahrhunderte ein stark ausgewaschener, auch Bleich- oder Grauerde genannter Oberboden und ein mit Eisenverbindungen sowie Humus angereicherter Unterboden. Diesen ertragsarmen Bodentyp bezeichnet man als Podsol. Er ist kennzeichnend für viele Heidegebiete. Durch zusätzliche Verkittung der mineralischen Bestandteile bildet sich im Unterboden häufig eine bis 20 cm mächtige, rostbraune und nahezu wasserundurchlässige Schicht, die man Ortstein nennt. Sie ist so kompakt, dass sie auch nicht von den Pflanzenwurzeln durchstoßen werden kann. Sie führt in Mulden oder Senken zur Staunässe und begünstigt die Entstehung von Versumpfungsmooren.

Rollblätter der Heidekrautgewächse im Vergleich (Querschnitte schematisch)

Beobachtungstipp – Wasserökonomie der Rollblätter

Bei grundsätzlich gleichem innerem Aufbau der grünen Stoffwechselmaschinerie nimmt die Produktionsstätte Blatt äußerlich bemerkenswert unterschiedliche Gestalt an. In Größe, Umriss und Aufteilung sind Laubblätter so variantenreich, dass man danach meist zuverlässig die Arten bestimmen kann. Da finden sich die Riesenblätter der Pestwurz-Arten neben den Kleinstblättchen der Mastkräuter. Bei den Heidekrautgewächsen kommt eine betrachtenswerte Sonderform vor, nämlich Rollblätter. Sie sind eine erstaunliche Anpassung an trockene Standorte: Ihre Blattränder sind nach unten umgebogen und verlagern die Spaltöffnungen sozusagen in einen windgeschützten Raum. Bei der Rosmarinheide *(Andromeda polifolia)* ist diese Anpassung noch nicht sehr entwickelt (vgl. Abbildung S. 120). Stärker fortgeschritten ist die Rollblattgestalt bei der Glocken-Heide *(Erica tetralix)* und perfektioniert bei der **Besenheide** *(Calluna vulgaris)*, wo sogar mitten auf der Blattoberseite ein neuer Blattrand entsteht. Den stärksten Umbau haben die winzigen Blätter der Krähenbeere *(Empetrum nigrum)*. erfahren. Hier hält eine feine Haarleiste die zusammengerückten Blattränder dauerhaft in Position.

Besenheide

Plackerei mit Plaggen

Weil industriell hergestellter Mineraldünger in früheren Jahrzehnten nicht zur Verfügung stand, war es notwendig, den Ackerböden anderweitig Nährstoffe zukommen zu lassen, um ihre Ertragsfähigkeit zu sichern. In den Niederlanden, in Norddeutschland und in Teilen Dänemarks schälte man dazu auf ackerbaulich nicht genutzten Flächen den mit Gras oder Zwergsträuchern bewachsenen Oberboden stückweise – eben in Plaggen – ab und verwendete ihn zunächst als Stalleinstreu. Zusammen mit den organischen Ausscheidungen der Nutztiere wurde er später auf den hof- oder dorfnahen Fluren (= Eschen) ausgebracht und bildete hier im Laufe der Jahrzehnte einen durchaus ertragssicheren, aber gänzlich anthropogen entstandenen Boden, den Plaggenesch. Die Plaggenwirtschaft mit Plaggenhieb bzw. Plaggenstechen förderte durch den regelmäßigen Verlust des Oberbodens die Heidebildung. Heute führt man das Abplaggen auf Heideflächen nur noch als Pflegemaßnahme durch – denn diese durch Übernutzung entstandenen Lebensräume sind neben der Beweidung nur durch eine weitere künstliche Degradierung zu erhalten.

Rechts: Bienenkästen in der Lüneburger Heide

Heide-Honig vom Heide-Imker

Die norddeutschen Heidegebiete mit ihrer geradezu ekstatischen Blühphase von Spätsommer (August) bis in den Herbst (Oktober) haben eine bis heute fortbestehende Berufsimkerei entstehen lassen, die vor allem die begehrte Spezialsorte Heide-Honig aus dem Nektar der Besenheide *(Calluna vulgaris)* produziert. Tatsächlich ist dieser landschaftsprägende Zwergstrauch aus imkerlicher Sicht eine besonders ergiebige und wertvolle Trachtpflanze. Eine einzige Blüte sondert in 24 Stunden aus sechs Nektardrüsen bis zu 0,5 mg Nektar mit einem Zuckergehalt von über 30 % ab. Der daraus erzielbare Honigertrag liegt bei knapp 40 kg/ha, was unter Fachleuten als sehr guter Wert gilt. Heide-Honig aus Besenheide hat ein etwas herbes Aroma und weist zudem einen ungewöhnlich hohen Proteinanteil auf.

Während der übrigen Saison fällt das Blütenangebot der Heide allerdings eher mager aus. Die Heide-Imkerei war deswegen schon immer auch ein Wanderbetrieb. Auch Hobby-Imker stellen ihre Bienenkästen (Beuten) dort nur saisonal auf. Zum Bild der großen norddeutschen Heiden gehören neben den charakteristischen Schafställen auch die typischen offenen Unterstände für die Bienenkästen, in der Region einfach Bienenschauer genannt. Viele Heide-Imker bevorzugen als Standort ihrer Bienenvölker eher die Randgebiete der Heide, denn hier haben die **Bienen** eher eine Chance, außerhalb der Zeit der Besenheideblüte auch andere Trachten auszubeuten. →103 «Insekten in Moor und Heide»

Oben: Moorlilie *(Narthecium ossifragum)*

Unten: Herbstlich verfärbte Blätter der Zwerg-Birke *(Betula nana)*

Klare Grenzen

Zwischen dem Alpenhauptkamm und der Nord- bzw. Ostseeküste kommen in Mitteleuropa rund 3300 Arten von Farn- und Blütenpflanzen und damit etwa 1,5 % des Weltbestandes an diesen Verwandtschaftsgruppen vor. Eifrige Hobbybotaniker kennen zumindest deren Namen und haben viele davon wohl auch schon in der Natur gesehen. Sie alle direkt zu erleben, ist indessen schwierig, weil erfahrungsgemäß nicht alle Arten überall vorkommen. Jede Spezies hat ihr eigenes Verbreitungsgebiet (Areal). Die Areale berühren sich entweder gar nicht oder überlappen bzw. überschneiden sich in unterschiedlichem Maße. Somit lassen sich verschiedene Arealtypen umreißen. Etliche Pflanzenarten weisen eine atlantische Hauptverbreitung auf – ihr natürliches Areal reicht gerade noch nach Nordwestdeutschland hinein: Die **Moorlilie** *(Narthecium ossifragum)* und der Gagelstrauch *(Myrica gale)*, zum Beispiel, haben ihr südöstlichstes Vorkommen im Großraum Köln. Das Areal der Grau-Heide *(Erica cinerea)* endet bereits an der niederländischen Grenze. Schwerpunktmäßig nordisch verbreitete Arten haben wenige Standorte in norddeutschen Mooren, darunter der Sumpf-Porst *(Ledum palustre)* ebenso wie die arktische Moltebeere *(Rubus chamaemorus)*, die auf dem finnischen 2-Euro-Stück dargestellt ist. Einen für Moore kennzeichnenden Arealtyp verkörpern die arktisch-alpinen Arten. Sie treten nur im hohen Norden und im mitteleuropäischen Hochgebirge auf, darunter beispielsweise die schmucke Silberwurz *(Dryas octopetala)*. Sie fehlt in Norddeutschland, kommt aber häufiger in den nördlichen Kalkalpen vor.

→ Moorlilie

Spirken sind besondere Kiefern

In norddeutschen Moorgebieten sind die häufig krüppelig wachsenden Moorkiefern immer Angehörige der Spezies Wald-Kiefer *(Pinus sylvestris)*. In den Mooren des Voralpenlandes kommt dagegen häufig die ähnlich aussehende Moor-Spirke oder Moor-Latsche *(Pinus x rotundata)* vor. Sie wächst ebenfalls strauchförmig oder bildet (selten) bis 10 m hohe, oft mehrstämmige Bäume. Ihre Genetik ist etwas komplexer, denn sie ist ein natürliches Kreuzungsprodukt aus der strauchig wachsenden Berg-Kiefer oder Latsche *(Pinus mugo)* und der ihr nahestehenden Haken-Kiefer *(P. uncinata)*. Die Nadeln stehen zu je zwei (selten drei) im Kurztrieb, die relativ großen Zapfen sind auffallend asymmetrisch, und die für eine der Elternarten so kennzeichnenden Haken der Schuppenschilde fehlen weitgehend. Die Berg-Spirke oder Haken-Kiefer entwickelt im Unterschied zur Wald-Kiefer eine bleibend kegelförmige Krone.

Furioses Finale

Der Herbst ist die von vielen Menschen etwas nachdenklich wahrgenommene Zeit des Übergangs zwischen dem Wachsen und Blühen des Sommers und der mehrmonatigen Vegetationsruhe des Winters. Sommergrüne Laubgehölze kündigen den bevorstehenden Wechsel unübersehbar mit den Farborgien ihrer Belaubung an, selbst wenn die Tage noch sonnig und warm sein sollten. Die Birken in Moor und Heide entwickeln dazu ein heftiges Goldgelb. Besonders prächtig präsentiert sich im Herbst die Zwerg-Birke *(Betula nana).* Sie ist eine der Leitarten der arktischen Tundra, kommt aber als Eiszeitrelikt auch in wenigen Mooren des Voralpenlandes, im Harz und an wenigen Stellen in Norddeutschland vor. Im Sommer fallen ihre fast kreisrunden, nur centstückgroßen Blätter kaum auf. Kurz vor dem Laubfall leuchten sie jedoch in prachtvoll knalligem Karmin- bis Scharlachrot (vgl. S. 152).

Zweierlei Prozesse sind für diesen auffälligen Farbwechsel verantwortlich: Zum einen bauen die Blattgewebe ihren Vorrat an Blattgrün (Chlorophyll) schrittweise ab, sodass nun die auch schon im Sommer vorhandenen gelblichen Carotenoide übrig bleiben. Zum anderen nimmt aber der Carotenoidgehalt gegen Saisonende deutlich zu, und schließlich bauen die Blätter auch noch mengenweise die intensiv rot gefärbten Anthocyane auf, die auch in Blüten und Früchten vorkommen. Die im Verbund angereicherten Anthocyane und Carotenoide ergeben nun besonders flammende Farbtöne.

Beobachtungstipp – Farbeindrücke festhalten

In Ansätzen oder Übergängen bzw. komplett umgefärbte Laubblätter sommergrüner Sträucher und anderer Gehölze sind – vor allem im Gegenlicht der schon tiefer stehenden Sonne – außerordentlich dankbare Fotomotive, insbesondere aus der Makroperspektive. Erst im Gegenlicht fallen mitunter die schmalen Fraßgänge von Kleinstinsektenlarven (Minierer) oder die zerstörerische Arbeit von Pilzbefall auf.

Die Kraniche kommen

Kraniche

Jedes Jahr zwischen Anfang Oktober und Mitte Dezember legen Tausende von **Kranichen** *(Grus grus)* auf ihrem Zugweg von den nordischen Brutgebieten in den Süden einen Raststopp im Goldenstedter Moor und in der Diepholzer Moorniederung ein (Gebiet Vechta-Diepholz). Tagsüber suchen sie auf den Feldern (etwa auf abgeernteten Getreide- und Kartoffeläckern) rund um die Moore nach Nahrung, eine Stunde vor Sonnenuntergang bis zur Dämmerung ziehen die Kraniche dann in V-Formation zu den angestammten Schlafplätzen ins Moor (meist ins knietiefe Wasser von Abtorfungsflächen). Meist hören Sie die Vögel schon, bevor Sie sie sehen, an ihren typischen trompetenden «kruh»-Rufen.

Auch im Frühjahr, auf dem Rückweg in die Brutgebiete, rasten die Kraniche in den oben genannten Moorgebieten. Allerdings sind die rastenden Gruppen kleiner,

und sie verweilen auch nicht so lange an den Rastplätzen, denn die Vögel haben es eilig, die Brutplätze zu erreichen. Dafür balzen die Kraniche auch während der Rast und zeigen hohe Luftsprünge und tiefe Verbeugungen: ein Naturschauspiel der Sonderklasse!

Beobachtungstipp – Abstand halten!

Kraniche haben eine Fluchtdistanz von mehr als 300 m. Halten Sie daher unbedingt genügend Abstand. Wenn alle Vögel ihren Kopf heben, wurden Sie bemerkt: Dann haben Sie die Tiere schon gestört. Ziehen Sie sich langsam und ruhig dorthin zurück, wo Sie hergekommen sind. Hunde anleinen! Beobachten Sie am besten aus dem Auto heraus, denn dann werden Sie von den Kranichen nicht als Bedrohung angesehen. Verlassen Sie dabei aber nicht die öffentlichen Straßen. Benutzen Sie ein gutes Fernglas, für Aufnahmen Teleobjektive ab 400 mm Brennweite.

Fragen

- Welche Farbstoffe sind für die Rotfärbung der Blätter der Heidelbeere verantwortlich?
- Wieso heißt die Moorlilie *(Narthecium ossifragum)* im Volksmund auch Beinbrech?

→199–200
Antworten

Balzender Kranich *(Grus grus)*

Winter

1
6
4
5
7
3
2

Einleitung Winter

Stille legt sich über Moor und Heide, Grau und Braun, manchmal auch frisches Weiß sind nun die vorherrschenden Farben, und die Landschaften ruhen unter einem dicken Kälte- und Eispanzer. Schnee- und Eiskristalle zaubern filigrane Gebilde auf die kältetrotzenden Halme und Stängel, ruhig ist es geworden. Lassen Sie sich einladen zu ausgedehnten Spaziergängen und herrlichen Wanderungen, die den Kreislauf ankurbeln und die Gesundheit stärken: Auf den Wasserflächen werden Sie Zeuge lebhafter Szenen, denn bei den Enten hat schon die Paarungszeit begonnen – und Männlein und Weiblein buhlen umeinander, was das Zeug hält. Viel Freude bei spannenden Beobachtungen!

Palsen und Pingos

Jahreszeitenrhythmisch verlagern sich in den gemäßigten Breiten die Klimagürtel: Im Winterhalbjahr rutschen sie gleich um ein paar hundert Kilometer weiter nach Süden, weswegen man dann auch in Mitteleuropa zumindest einen Eindruck von den eher harschen arktischen Verhältnissen bekommt. An etlichen Tagen sinkt die Temperatur deutlich unter 0 °C und beschert damit Frosttage bzw. -nächte, und an wenigen steigt sie nicht einmal über 0 °C, wobei die Meteorologen dann von Eistagen sprechen.

Die Eistagverhältnisse entsprechen in etwa der Jahresdurchschnittstemperatur gegen Ende der letzten Kaltzeit: Auch im unvergletscherten Gebiet zwischen der nordischen und der alpinen Eisrandlage, welches ungefähr dem rund 400 km breiten Mittelgebirgsgürtel entspricht, lagen die jährlichen Durchschnittstemperaturen je nach Höhenlage des betrachteten Geländes damals bei etwa –1 bis –5 °C. Die Böden waren also häufig und langfristig durchgefroren, wie es in den Permafrostgebieten der polnahen Gebiete bis heute der Fall ist. Nur in den kurzen Sommern herrschten etwas produktionsfreundlichere Verhältnisse, die auch die Entwicklung von Mooren zuließen.

Das Eis macht Druck

Torf weist naturgemäß einen großen Porenraum auf und kann darin folglich große Mengen Wasser speichern. Wo nur eine dünne Schneedecke aufliegt und die winterliche Gefrierfront rasch in größere Bodentiefen vordringen kann, bilden sich im

40← «Geschichtete Geschichte»

Moorboden größere Eislinsen. Bei der Abkühlung vergrößert sich aber das Volumen des gefrorenen Wasserkörpers, wodurch er Druck auf seine unmittelbare Bodennachbarschaft ausübt, dort in den sommerlichen Gefrierintervallen das restliche Wasser auspresst und dieses an die schon vorhandene Eislinse anfrieren lässt. Das ist im Prinzip ein Selbstverstärkungsmechanismus, der über jahreszeitlich gesteuerte Gefrierzyklen viele Jahre lang wirksam sein kann.

Ein im Permafrostboden steckender Eiskern dehnt sich jedoch nicht nur zur Seite, sondern auch nach oben aus. Er hebt also auch den deckenden Moorboden um einen gewissen Betrag an, sodass unter solchen Bedingungen deutliche, meist 0,5–2 m hohe Hügel von bis zu 25 m Durchmesser entstehen.

Diese charakteristischen Gebilde, die meist scharenweise in Strängen oder Serien auftreten, nennt man Palsen (Einzahl: Palsa). Ausgedehnte Palsamoore findet man in Alaska, Grönland und in Nordskandinavien. Einzelne und dann zumeist deutlich größere Permafrosthügel, die das umgebende Gelände wie Bergkuppen überragen, heißen Pingos, so bezeichnet nach einem Wort aus der Sprache der Inuit (wörtlich übersetzt: «die Schwangere»).

In Gebieten, in denen gegen Ende der Eis- bzw. Kaltzeit allmählich subarktische oder sogar gemäßigte Bedingungen einkehrten, tauten die vom Eiskern angehobenen Moorbodenschichten bei sommerlicher Erwärmung auf und glitten schließlich auf den Hügelflanken unaufhaltsam seitlich ab. Dadurch entstanden charakteristische, die Form des früheren Eiskerns nachzeichnende Wälle. Wenn schließlich auch der innere Eiskern abtaute, entstand in der zentralen Vertiefung zwischen den Palsenwällen ein kleines Stillgewässer, in dem sich ein Niedermoor entwickelte und oft genug in ein Hochmoor überging.

Beobachtungstipp – Fossile Palsen im Hohen Venn

Palsen sind in den mitteleuropäischen Moorlandschaften eine große Rarität. Insofern sind die Reste fossiler Frosthügel, die man im **Hohen Venn** im Grenzgebiet von Nordrhein-Westfalen und Belgien findet, ein europaweit bedeutsames Geophänomen von besonderer Bedeutung. Bekannt sind die Palsen im Brackvenn, im Steinleyvenn und im Mützenicher Venn. Ein besonders eindrucksvolles Beispiel mit verlandendem Moorweiher erreicht man vom Grenzort Mützenich auf beschildertem Weg, der rund 2 km weit über eine Bohlenstrecke führt. Vor Ort erläutern Infotafeln Abläufe und Eigenart. Ein Aussichtsturm bietet einen guten Überblick über diese Eiszeitlandschaft. Im benannten Gebiet hat man die in einigen Palsen nach dem Zweiten Weltkrieg angepflanzten Fichten wieder entfernt und die Palsenweiher renaturiert.

→140 «Ein lebendes Moor besuchen»

Fragen

- Was haben die charakteristischen Buckelwiesen in den Alpen mit Palsen gemeinsam?
- Was erfahren Paläontologen bei der Untersuchung von Permafrostböden?

→200 Antworten

Palsen im Hohen Venn

Kunstvolles aus klirrend kalten Kristallen

Jeder kennt sie von vorsorglichen Warnschildern für Glättegefahr, von winterlichen Dekorationsstücken in Schaufensterauslagen oder als häufig eingesetzte Grafiksymbole auf jahreszeitlichen Designartikeln: die Eiskristalle. Während sie auf der vereisten Fensterscheibe kaum oder gar nicht erkennbar sind, zeigen sie ihren Formenzauber als Raureif auf dem Geäst der **Gehölze** oder als Schneeflocken.

170← «Leitgehölz der Heidelandschaft»

Himmlische Starparade

Lupen- und Fotosafaris zu den Eiskristallen in Moor und Heide sind im Winterhalbjahr eine besondere Freude. Empfehlenswert sind klare, aber kalte Vormittage an Frosttagen. Am späteren Vormittag taut die Sonnenstrahlung die wunderlichen bizarren Formen erbarmungslos weg oder rundet sie durch heftiges Anschmelzen zu ziemlich unansehnlichen Strukturen ab. Dann ist der Zauber definitiv dahin.

Schon in der Wolke gefriert Wasser zu kleinen, im Umriss immer sechseckigen Eiskristallen. Im freien Fall wachsen sie durch weitere Anlagerung von Wasser-

Mit Eis bedeckte Moorschlencke

molekülen zu bemerkenswert formschönen Gebilden aus. Kleine Schneeflocken bestehen fast immer aus solchen Einzelkristallen. Zuweilen können sich jedoch mehrere Einzelkristalle zu einem vielteiligen Eis-Ensemble zusammenschließen und dann als dicke Flocke zur Erde sinken. Eiskristalle bzw. Schneeflocken sind keine gefrorenen Wassertröpfchen. Sie entstehen, wenn sich Wassermoleküle aus Wasserdampf zu Kristallen zusammenlagern. Deshalb kann man im Gefrierfach des Kühlschranks nur kompaktes Eis, aber keine Schneeflocken herstellen. Fachleute bezeichnen diese Kristallbildung aus gefrierendem Wasserdampf als Resublimation.

Überschaubare Grundstruktur

Mit dem bloßen Auge ist die Pracht des Einzelkristalls einer Flocke jedoch nur schwer wahrnehmbar. Erst die vergrößernde Betrachtung mit einer Lupe übersetzt die kurzlebige Filigranstruktur in eine fassbarere Dimension. Dabei zeigt sich eine erstaunliche Grundstruktur: Ihr Umriss bildet ein regelmäßiges Sechseck – ein Umriss, der zu den Lieblingsformen der Natur zu gehören scheint, denn es begegnet uns auch an vielen anderen Orten, zum Beispiel in der Bienenwabe oder im Facettenauge der Insekten. Weil die Wassermoleküle sich im überwiegend flächig wachsenden Eiskristall jeweils zu Sechserringen anordnen, zeigen auch die fertigen Kristalle immer einen sechseckigen Umriss oder zumindest sechskantige Formelemente. Manche nur aus einem einzigen Eiskristall bestehenden **Schneeflocken** weisen tatsächlich die Gestalt eines hexagonalen Plättchens auf. Häufiger werden die geraden Konturen jedoch mehrfach aufgelöst und zu kompliziertesten Nadelmustern verästelt – allerdings immer über einem nach wie vor sechsstrahligen Grundriss. Außer den sechseckigen Plättchen gibt es auch Sterne mit kleinen Endplättchen oder verschiedene dendritische Formen, nach denen man die Kristalle bzw. Flöckchen gruppieren kann. Zwei Gesetzmäßigkeiten bestimmen die Herausbildung der jeweiligen Kristallgestalt: Alle Strukturelemente schließen untereinander einen Winkel von 60° ein, und ihre Achsen verlängern sich im Wesentlichen nur in zwei Richtungen des Raumes. Ein Eiskristall ist daher immer ein nahezu flächiges, dünn scheibchenförmiges Gebilde und keineswegs ein allseitig Zacken tragendes Sternchen. Eine einzelne Schneeflocke im Standardmaß enthält etwa 10^{18} Wassermoleküle. Einfach unglaublich, wie diese sich zu den ästhetisch ungemein ansprechenden Flockenformen zusammenfinden!

→ «Warum jede Schneeflocke anders aussieht»

Vielfalt durch Variation

Die gesetzmäßig vorgegebene Sechseck-Grundform eines Eiskristalls lässt dennoch eine Menge Spielraum zur individuellen Ausgestaltung. Die meisten Fachleute stimmen darin überein, dass keine zwei Eiskristalle in den Details ihrer Architektur ganz genau übereinstimmen. Man müsste schon einen beträchtlichen Teil des Weltalls

mit Eiskristallen bzw. Schneeflocken ausfüllen, um zwei einigermaßen übereinstimmende Formen zu erhalten. Diese beeindruckende Variabilität wird durch kaum messbare Unterschiede der Feuchtigkeits-, Temperatur- und Druckverteilung in der Atmosphäre bestimmt, die die Resublimierung des Wasserdampfs zum Kristall beeinflusst. Ebenso wirken auch feinste Verunreinigungen der Luft mit: Winzigste Fremdkörper lösen im wachsenden Eiskristall lokale Störungen aus und damit ein wenig Unordnung im Kristallgitter. Sie definieren damit einen jeweils neuen Formbildungsrahmen, der schon im nächsten Augenblick wieder verworfen werden kann. Das Kristallwachstum vollzieht sich chaotisch – zwar strikt nach den Naturgesetzen, wegen der zahlreichen Zufallswirkungen aber eben nicht exakt vorhersagbar. Das Kristallwachstum erfolgt jeweils an den Zackenenden. Erstaunlicherweise wachsen die Verzweigungen und Verästelungen hier mit weitgehend gleicher Geschwindigkeit und in ähnlichem Ablauf, woraus sich die unglaubliche und geradezu fantastische Symmetrie der sechs Hauptachsen ableiten lässt. Allerdings gibt es auch Beispiele für schief gewachsene Schneeflocken oder völlig unsymmetrische Gebilde. Solche finden sich unter anderem auch im Raureif, wenn die Kristalle unter gleichzeitiger Windbelastung wachsen und dann etwas fahnenartig ausgezogen geraten.

Fragen

- Warum ist Schnee weiß und nicht durchsichtig wie Wasser?
- Warum knirscht Schnee manchmal bei jedem Schritt?
- Warum ist es draußen so leise, wenn es frisch geschneit hat?

200← Antworten

Eiskristalle bzw. Schneeflocken zeigen immer einen sechsseitigen Umriss (links), können dabei aber stark verzweigt sein (rechts).

Verflechtungen von Moor und Heide

Klein und unauffällig sind sie zumeist, und ziemlich genügsam zu sein, unterstellt man ihnen ebenfalls gerne: Wo die meisten Blütenpflanzen und selbst die anspruchslosesten Moose längst aufgeben, kommen die Flechten erst richtig groß heraus: Im frostklirrenden Hochgebirge, auf sonnendurchglühtem Gestein, salzgetränkten Brandungsfelsen, in staubtrockenen Wüsten und tiefschattigen Schluchten sind Flechten die ersten oder letzten Vorposten der festländischen Vegetation. In unseren Breiten kommen fast ebenso viele Flechtenarten vor wie Blütenpflanzen – das Zahlenverhältnis beider Organismengruppen liegt damit bei rund 1,0. Je extremer sich allerdings eine Großregion hinsichtlich ihres Klimas und damit der Lebensbedingungen für die Organismen darstellt, desto mehr verlagert sich die Verhältniszahl jedoch zugunsten der Flechten: In Skandinavien liegt sie schon bei 1,2, in Grönland bereits bei 2,3 und in der Antarktis sogar bei über 150. Hier sind **Flechten** praktisch die einzigen Pioniere, die das Bild der Vegetation auf den nackten und meist ganzjährig eisfreien Felsen prägen. Flechten – obwohl man ihnen im Alltag wenig Aufmerksamkeit schenkt – sind bewundernswerte und letztlich immer noch nicht ganz verstandene Lebensraumspezialisten. Sie kommen auch in Moor und Heide mit einer stattlichen Artenzahl vor.

→ Flechten

Einigkeit macht ziemlich stark

Der übliche biologische Artbegriff ist bei einer Flechte ausgesprochen problematisch: Sie ist nämlich genau betrachtet immer ein Doppelorganismus aus mindestens zwei Arten. Grundsätzlich alle Flechten sind Gemeinschaftsunternehmen, in denen

Echte Becherflechte *(Cladonia pyxidata)*

sich (wenigstens) zwei grundverschiedene Organismenarten zu einer meist lebenslangen und somit zuverlässig dauerhaften Betriebsgemeinschaft (Symbiose) zusammengeschlossen haben. Deren äußere Repräsentanz und Formgebung übernimmt jeweils ein Pilzpartner (Mycobiont), der bis zu 95 % der Flechtenbiomasse ausmacht. Die wirtschaftliche Führungsrolle in der Betriebsgemeinschaft Flechte mit der nötigen Stoffproduktion ist dagegen Sache der zur Fotosynthese befähigten autotrophen Partner (Fotobionten). Aber auch die Flechtenalgen profitieren vom gemeinsamen Betrieb, erlaubt ihnen die Symbiose doch den Zugang zu Lebensräumen, die sie allein niemals hätten besiedeln können.

Pilzpartner sind in unseren Breiten überwiegend Vertreter der Schlauchpilze (Ascomyceten). Die Fotobionten stammen aus verschiedenen Verwandtschaftsgruppen. Es sind entweder mikroskopisch kleine Cyanobakterien (Cyanobionten; früher **Blaualgen** genannt) oder kugelige bis kettenförmige Grünalgen oder in seltenen Fällen Angehörige bräunlich gefärbter Algengruppen (Phycobionten). Ob blaugrüne Bakterien bzw. grüne oder gelbbräunliche Algen zahlreich im Hyphengewirr einer Flechte hausen, haben sie auf deren Färbung wenig Einfluss. Die oft sehr knalligen und plakativ wirkenden Flechtenfarben gehen tatsächlich auf völlig andere Substanzen zurück, die weder Alge noch Pilz für sich alleine herstellen (können).

Blaualgen

Isländisch Moos *(Cetraria islandica)* – eine Strauchflechte

Beobachtungstipp – Genauere Einblicknahme

Flechten untersucht man am besten im feuchten Zustand, wenn sie weich und flexibel sind. Im Zustand weitgehender Austrocknung, die sie aber durchaus lebensfähig überstehen, sind sie gewöhnlich brüchig und spröde. Schneidet man eine größere Flechte mit dem Taschenmesser durch und betrachtet die Schnittfläche mit einer stärkeren Lupe, so erkennt man deutlich die meist oberflächennahe untergebrachte Algenzone als schmales, grünes Band. Am besten eignen sich für die Untersuchung des inneren Aufbaus die nicht seltenen Blatt- und Strauchflechten.

Umfangreiche Palette

Flechten artgenau zu bestimmen, ist zugebenermaßen nicht einfach. Wesentlich einfacher ist es dagegen, die in wenigen Worten nicht zu fassende Formenvielfalt selbst der heimischen Flechten nach bestimmten Formengruppen zu unterscheiden. Den mit Abstand einfachsten Aufbau zeigen die Staubflechten. Sie sehen tatsächlich so aus, als habe man aus der Sprühdose farbkräftige gelbe oder graugrüne Flecken auf Gestein oder Baumrinden aufgetragen. Die Gallertflechten erinnern dagegen an Gummibärchen, die man zu Fladen ausgewalzt hat. Klarere Konturen zeigen die Krustenflechten, die sich mit der Wuchsunterlage (beispielsweise den großen Findlingsblöcken in der Heide) so innig verbinden, dass man sie davon kaum ablösen

Landkartenflechte (*Rhizocarpon geographicum* – Formenkreis)

kann. Blattflechten sind noch vielgestaltiger und breiten sich gerne auf Rinden mit lockeren, manchmal verzweigten Lappen aus. Die mit Abstand komplexesten und größten Gebilde sind die Strauchflechten, die relativ artenreich auch in Mooren vertreten sind und hier meist direkt dem Boden aufsitzen. Sie erinnern an Kleinstgehölze und werden tatsächlich auch so verwendet: In Planungsbüros für Architekturmodelle und ebenso bei Modelleisenbahnern stehen sie immer noch hoch im Kurs.

Ein Hauch von Tundra

Zwischen den Zwergsträuchern einer Heide oder am Boden lichter Kiefernbestände breiten sich oft teppichdicht die Bestände von Strauchflechten aus, die zu den Artengruppen der Gattung *Cladonia* gehören und den deutschen Namen Rentierflechten tragen, weil sie in den nordischen Tundrengebieten den Rentieren *(Rangifer tarandus)* als Nahrung dienen. Einer ihrer Formenkreise heißt danach sogar *Cladonia rangiferina*. Typisch für diese Gruppe von Strauchflechten sind die reichästige, geweihähnliche Verzweigung und das Fehlen eines Basislagers. Die Art *Cladonia stellaris* wird in großen Mengen aus Skandinavien importiert und im Herbst in Gestecken oder Gebinden für den Grabschmuck verwendet. Eine zweite Formengruppe der Strauchflechten sind die Becherflechten – sie werden nicht ganz so hoch wie die Rentier-

Rentierflechte (*Cladonia* spp.)

flechten und sind an ihrer oben kelchartigen Erweiterung zu erkennen. Außerdem sind sie mit einem schuppigen Basislager ausgestattet, mit dem sie auf dem Substrat sitzen. Die dritte Formengruppe umfasst die ungefähr zentimeterlangen Säulenflechten, die am oberen Ende schlank oder spitz zulaufen. Manche ihrer Vertreter entwickeln leuchtend karminrote Fruchtkörper, die ausgesprochen dekorativ aussehen und wunderschöne Fotomotive für Nahaufnahmen hergeben. Die mit Abstand imposanteste Art ist das Isländische Moos *(Cetraria islandica)*, das an zusagenden Standorten in Mooren, lichten Kiefernwäldern, **Zwergstrauchheiden** und Gebirge einen 4–12 cm hohen Rasen bilden kann. Man verwendet diese Flechte bis heute als schleimlösendes Mittel in Hustenbonbons und den im Thallus enthaltenen Flechtenstoff Usninsäure zur Therapie von Hautinfektionen.

→ Zwergstrauchheide

Fragen

- Sind Flechten Pflanzen?
- Warum ist das Isländische Moos in Höhenlage brauner gefärbt als in tiefen Lagen?

→201
Antworten

Manche Arten der umfangreichen Gattung *Cladonia* entwickeln karminrote Fruchtkörper.

Leitgehölz der Heidelandschaft

Von wenigen Ausnahmen abgesehen, bestand die ursprüngliche Waldbedeckung Mitteleuropas in der Niederungslandschaft und den unteren Mittelgebirgen überwiegend aus Laubwäldern. Übernutzung und Misswirtschaft hatten die Bestände jedoch bis zur Wende des 18. zum 19. Jahrhundert weitgehend degradiert. Als nach dem Wiener Kongress (1815) eine geregelte Forstwirtschaft einsetzte, wurden auf den ausgemagerten Böden alternativlos Fichten bzw. Wald- und Schwarz-Kiefern angepflanzt, später auch Europäische und Japanische Lärchen sowie Douglasien. Im heutigen Artensortiment finden sich damit also Gehölzarten aus Südeuropa ebenso wie solche aus Nordamerika oder sogar aus Ostasien. Nur wenige Nadelhölzer sind von Natur aus auch im Tiefland bzw. den Mittelgebirgen heimisch, und dazu gehört vor allem der **Wacholder** *(Juniperus communis).* Er ist gleichzeitig auch der einzige mitteleuropäische Vertreter der Zypressengewächse. Man kennt seine üppigen Bestände von Kalenderfotos und Bildbänden, welche die großen Heidegebiete beispielsweise in Norddeutschland prächtig inszenieren. Zu dieser Flächendominanz gelangte er erst aufgrund seiner zuverlässigen Verbissfestigkeit.

Wacholder

Wacholder-Landschaft

Schlank und spitz

Wacholder ist ein immergrüner Strauch oder kleiner Baum von meist bis zu 3 m Wuchshöhe. Gelegentlich kann er aber auch um 10 m hoch werden. Nur auf Kalkstandorten bleibt er meist ziemlich klein. Der Wuchs ist säulenförmig und gelegentlich breit strauchig bis niederliegend, vor allem an windoffenen Standorten in Küstennähe. Die schmalen, unverschämt spitzen und deswegen so wirksam fraßgeschützten Nadelblätter stehen jeweils in Dreierwirteln zusammen und duften beim Zerreiben angenehm aromatisch.

Die **Wacholderbüsche** sind entweder weiblich oder männlich – die Art ist also zweihäusig. Gelegentlich kommen aber auch einhäusige Exemplare vor, bei denen die männlichen und weiblichen Blüten getrennt auf der gleichen Pflanze stehen. Die Blüten(stände) sind unspektakulär einfach, weil Wind den Pollen überträgt. Die Blüten werden im Herbst angelegt und öffnen sich ab Ende Mai des Folgejahres. Die weiblichen Blütenstände (Blütenzapfen) sind dreischuppig; jede Samenschuppe trägt nur eine Samenanlage. Den spitzovalen Pollenkörnern fehlen die sonst für Nadelgehölze so typischen paarigen Luftsäcke.

→183 «Wacholderheiden im Mittelgebirge»

Männliche Blüten des Wacholders
(Juniperus communis)

Wacholder«beeren» sind Zapfen

Nach der Bestäubung verwachsen die drei Samenschuppen miteinander und werden fleischig – der Blütenzapfen wandelt sich zum Beerenzapfen. Im ersten und zweiten Jahr nach der Bestäubung ist er grün, er färbt sich erst im dritten Jahr blauschwarz um, wobei eine abwischbare Wachsschicht den Farbeindruck bestimmt. Die vereinfacht und botanisch nicht korrekt Wacholder«beeren» genannten Beerenzapfen enthalten ätherisches Öl. Man verwendet sie als Gewürz für mancherlei Speisen. Das ebenfalls aromatische Holz hat man früher gerne zum Räuchern verwendet, was sehr zu Lasten der Bestände ging. Die Beerenzapfen sind eine wichtige Nahrung von **Birkhuhn** und verschiedenen Drossel-Arten, u. a. der **Wacholderdrossel** *(Turdus pilaris)*. Sie tragen durch Magen-Darm-Passage der unverdaulichen, weil knochenharten Samen zur Ausbreitung der Art bei.

59← «Ballett im Morgengrauen»
← Wacholderdrossel

Beobachtungstipp – Blätter mit Nadelstreifen

Wacholdernadeln sollte man sich unter der Lupe anschauen – sie bieten einige Überraschungen. Zunächst fallen zwei helle, weißliche Längsstreifen auf. Es sind die ausnahmsweise (vgl. Tanne oder Douglasie) auf der Oberseite liegenden Spaltöffnungsreihen, die mit Wachs bedeckt sind. Sodann fällt auf, dass sie im Querschnitt eine nach oben geöffnete Rinne bilden. Das erleichtert bei Nebelfeuchte die Kondensation von Wassertröpfchen und dient an den trockenen Heidestandorten der Wasserökonomie der Nadeln.

Fragen

› Wie werden die Samen des Gemeinen Wacholders verbreitet?
› Wie kommt der Wacholder auf den kargen Heideböden an ausreichend Nährstoffe?

201← Antworten

Ein nasses Geschichtsbuch

Bis weit in das 19. Jahrhundert hinein blieben die Torfkörper der Hoch- und Niedermoore weitgehend unberührt, von kleineren bäuerlichen Torfstichen abgesehen. Erst als man nicht nur den zuunterst liegenden Schwarztorf als Brennmaterial und die jüngeren Weißtorflagen zu Düngezwecken nutzte, begann die großflächige Zerstörung und Umwandlung der ausgedehnten Moorflächen, die im nördlichen Mitteleuropa gebietsweise einen Flächenanteil von rund 30 % aufwiesen.

Die **Torfschichten** eines über mehr als ein Jahrzehntausend gewachsenen Nieder- oder Hochmoores sind ein beeindruckender Beweis dafür, wie untergegangene tote Biomasse über lange Zeit konserviert wird. Das betrifft nun nicht nur die abgestorbene Pflanzensubstanz, sondern fast alle organogenen Materialien wie Holz, Haut, Fell und Textilien. Im gewöhnlichen Mineralboden sind solche Objekte selten bis gar nicht erhaltungsfähig, weil sie von den Bodenorganismen sofort angegriffen und in kurzer Zeit remineralisiert werden. Außer solchem Fundgut konnten die Archäologen aus den Moorböden auch mancherlei Stein- und Metallgeräte, Werkzeuge, Schmuckgegenstände, Gefäße sowie Musikinstrumente wie die eigenartigen bronzezeitlichen Luren bergen.

→40 «Geschichtete Geschichte»

Archäologie der alten Spuren

Ein Moor bewahrt also fast alle irgendwann in der Vorzeit zufällig oder absichtlich dorthin verbrachten Gegenstände und erweist sich somit als Kulturarchiv von besonderer Bedeutung. Schon beim früher üblichen klein dimensionierten Torfstich stieß man tief unter der Tagesoberfläche gelegentlich auf unvermutete und seltsame Funde. Unterdessen sind Erforschung und Dokumentation des kulturhistorischen Inhalts von Mooren bzw. ihrer Torfe ein wichtiges Arbeitsgebiet der Moorarchäologie (heute zunehmend Feuchtbodenarchäologie genannt) geworden. Anders als bei manchen Grabungsvorhaben in Fundhorizonten, aus denen keine (in)schriftlichen Dokumente zu erwarten sind, lassen sich die Funde führenden Torfschichten mithilfe der Radiokarbonmethode und vor allem der **Pollenanalyse** (vgl. S. 128 ff.) erstaunlich genau datieren. Moore als kontinuierliche Kulturarchive umfassen praktisch die gesamte Ur- und Frühgeschichte von der ausgehenden Altsteinzeit bis in die späte Neuzeit.

→128 «Pollenanalyse: Ein Profil als Zeitleiste»

An verschiedenen Stellen in Mittel- und Nordeuropa haben die Moore ungewöhnliche Dinge hergegeben. Einzigartig stehen beispielsweise die beiden hölzernen Kultfiguren aus dem Aukamper Moor bei Braak (Ostholstein) da – 1946 geborgen und in Schloss Gottorp ausgestellt. Sie repräsentieren die größten bisher gefundenen

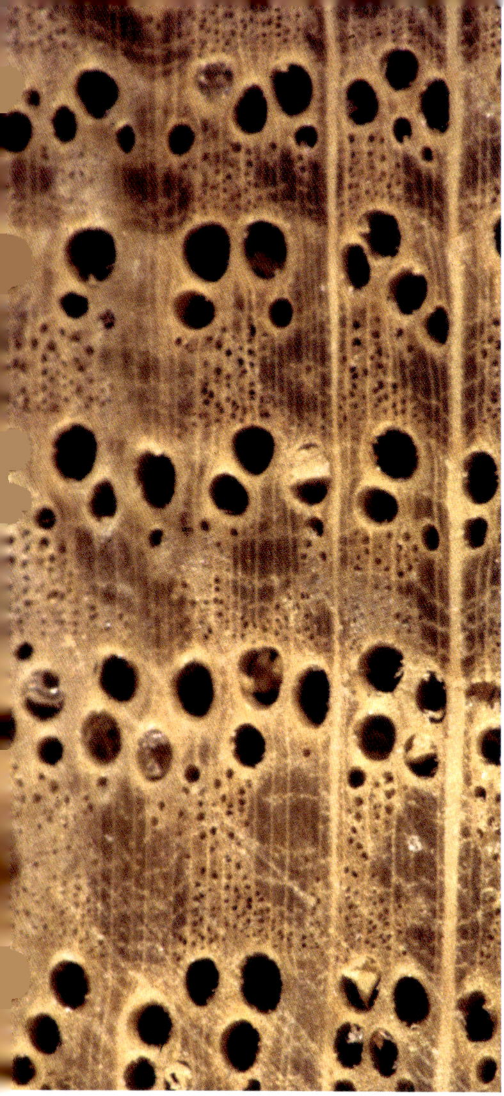

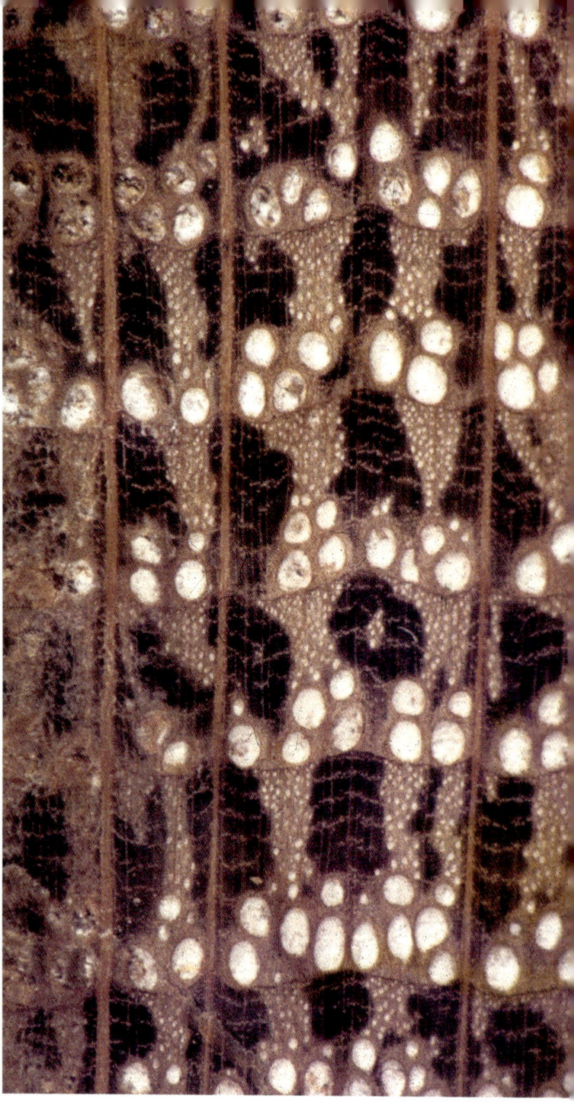

Astgabel-Idole (männliche Gestalt 2,8 m hoch, weibliche 2,3 m), die man bisher entdeckt hat, und sind vor allem deswegen bemerkenswert, weil sie geistig-religiöse Vorstellungen bezeugen. Das gilt zweifellos auch für den berühmten Sonnenwagen von Trundholm, der 1902 beim Pflügen in einem ehemaligen Moorgebiet auf der dänischen Insel Seeland gefunden wurde (er befindet sich heute im Dänischen Nationalmuseum in Kopenhagen). Das Objekt wird in die ältere nordische Bronzezeit

Links: Makroaufnahme von vorgeschichtlichem (bronzezeitlichem) Eichenholz

Rechts: Makroaufnahme von vorgeschichtlichem (bronzezeitlichem) Eichenholz; hier eingerieben mit Kreidestaub zur besseren Darstellung der großen Tracheen.

(um 1400 v. Chr.) datiert. Nachgrabungen am Fundort (1996) brachten 21 fehlende Kleinteile zum Vorschein. Deutet man die vergoldete Seite der runden Scheibe als Sonne, dann zieht das Pferd sie von links nach rechts – und damit bezeichnenderweise so, wie sich die Sonne am Himmel der Nordhalbkugel auf ihrer scheinbaren Tagesbahn bewegt.

Beobachtungstipp – Vorgeschichte vor Augen

Nicht nur die großen Landesmuseen, sondern auch viele Regional- bzw. Spezialsammlungen in den Niederlanden, in Deutschland und in Dänemark haben auch einen Ausstellungsbereich, der sich den aufregenden Ergebnissen der Moorarchäologie widmet. Einige Hinweise finden sich auf S. 186 f.

Bohlenweg und Knüppeldamm

Wegen der hervorragenden **Konservierungseigenschaften** von Torf erhielten sich aus neolithischen und bronzezeitlichen Siedlungsphasen auch hölzerne Wegebauten. Allein in Niedersachsen fand man über 300 solcher künstlicher, aus Eichenschwellen und -bohlen zusammengesetzter Furten, die zum Teil mehrere Kilometer weit über sonst unpassierbare Feuchtgebiete führten. Offenbar bestand schon zu jener Zeit das dringende Bedürfnis, mit beachtlichem Material- und Arbeitsaufwand sichere Verbindungen zu den zwischen Moorflächen gelegenen Siedlungsflächen zu schaffen. Die Dämme waren teilweise schmale Furten, teilweise aber auch beachtliche 4 m breit. Der älteste bisher nachgewiesene Bohlenweg stammt aus der Zeit um 4800 v. Chr. und ist damit mehr als ein Jahrtausend älter als die ältesten aufgefundenen Radfragmente, die erst ab ca. 3000 v. Chr. über die sicherlich ziemlich holperigen Moorwege rollten. Bezeichnenderweise fand man neben den ausgegrabenen Bohlenwegen nicht selten Teile von Deichseln, hölzernen Achsen, Rädern und andere Bauteile – Gegenstände, die man nach schweren Havarien offenbar einfach an Ort und Stelle liegen ließ. Oft sind diese Teile so gut konserviert, dass man daran noch die Schnittspuren der verwendeten Steinwerkzeuge erkennen kann. Weil sich die Besiedlungsverhältnisse regional veränderten, gerieten die Bohlenwege irgendwann in Vergessenheit und wurden vom randlich angrenzenden Moor schließlich vollends überwachsen.

→177 «Moorleichen: Haut ohne Knochen»

Frage

201← Antwort

› Wie datiert man die vorgeschichtlichen hölzernen Bohlenwege fast auf das Jahr genau?

Auch wenn ein Moor an der Oberfläche wie Natur pur wirkt, birgt es in seiner Tiefe oft ungemein aufschlussreiche Dokumente aus mehr als einem Jahrzehntausend mitteleuropäischer Kulturgeschichte.

Moorleichen: Haut ohne Knochen

Die Weichteile des Körpers – Haut, innere Organe, Haare etc. – können im **Hochmoor** hervorragend erhalten bleiben, wenn sie gänzlich untergetaucht sind. Dann gelangt kein Sauerstoff an den Körper, und im stark sauren Milieu werden die Weichteile konserviert, sodass eine Mumie erhalten bleibt. Die Säuren lösen die mineralischen Knochenanteile und -strukturen auf. Zudem werden Haut, Körpergewebe, Haare, Knorpel und Fingernägel durch die Humin- und Gerbsäuren gegerbt. Durch die Wirkung der Säuren ändert sich auch die Farbe der Organe zu rotbraun bis schwarz, die Haare verfärben sich rotorange. Dank der konservierenden Wirkung der Moorgewässer kann man bei etlichen Moorleichen sogar detailliert die Gesichtszüge mit Falten, Bartstoppeln und Hautporen erkennen. Für die **Archäologie** sind diese Funde kostbar, geben sie doch Einblick in das Leben der Menschen vor Jahrtausenden. Wegen des hervorragenden Erhaltungszustandes erfahren wir, unter welchen Krankheiten die Menschen früher gelitten haben, welche Kleidung sie trugen, aus welchen Materialien diese gefertigt wurden. So konnten Forscher beispielsweise den Mageninhalt von einigen Moorleichen analysieren und erfuhren so, aus was deren letzte Mahlzeit bestanden hat. Auffallend ist auch, dass doch überraschend viele Moorleichen unbekleidet gefunden werden – Stoffe aus pflanzlichen Fasern könnten im Lauf der Jahrtausende vergangen sein, jedoch würde man zumindest bei den verunglückten Menschen Reste von lederner Kleidung oder Schmuckstücke erwarten.

→23 «Regenernährte Hochmoore»

→173 «Ein nasses Geschichtsbuch»

Moorleichen aus verschiedenen Zeiten

Viele stammen aus der Mittelsteinzeit, aus der sogenannten Trichterbecherkultur (4200–2900 v. Chr.). Neben Funden von Leichnamen, die nach ihrem Tod auf Einbäumen aufgebahrt und so auf Gewässern bestattet wurden, weisen etliche Moorleichen Zeichen von roher Gewalt auf. Da zu der damaligen Zeit auch Töpfe, Beile oder Tierknochen in Seen versenkt wurden, nehmen Forscher an, dass diese Menschen damals bei Fruchtbarkeitsritualen Göttern oder höheren Mächten geopfert wurden.

In der anschließenden Bronzezeit (2200/1800–600 v. Chr.) häufen sich Moorleichen, bei denen auch Reste von Haaren, Hirn und Kleidung erhalten geblieben sind. Leichen aus dieser Zeit zeigen nur in seltenen Fällen Spuren von Gewalt, sodass diese Menschen einst wohl auf natürliche Weise ums Leben kamen und im Moor bestattet wurden. Manche Moorleichen waren, wie etwa das Mädchen aus dem Uchter Moor, sogar so gut erhalten, dass das Kriminalamt zusammen mit Forschern erst durch mühsame Recherchen herausfinden musste, ob die gefundenen Körperteile nicht etwa von Opfern aus jüngerer Zeit stammen.

Noch besser erhalten sind die Moorleichen der Eisenzeit (600 v. Chr.–575 n. Chr.), die dank hervorragend erhaltener Weichteile und erhaltener Kleidungsstücke für uns am eindrücklichsten sind – wohl auch, weil damals die römische Kaiserzeit auch in Norddeutschland ihre Spuren hinterlassen hat. So sollen damals die Germanen Feiglinge und Unkeusche im Moor versenkt haben, wenn man den Berichten des römischen Historikers Publius Cornelius Tacitus Glauben schenkt.

Aus der späteren Zeit (Mittelalter und Neuzeit) werden die Funde von Moorleichen dann wieder rarer. Legendär ist der Bockstens-Mann, der im späten Mittelalter zwischen 1290 und 1370 n. Chr. ermordet wurde; in dessen Herzgegend steckte noch ein Holzpfahl, als er 1936 im Moor gefunden wurde. Andere Moorleichen aus dieser Zeit waren vermutlich Selbstmörder, Verbrecher oder Sonderlinge, die nicht auf den Friedhöfen bestattet, sondern deren Seelen im Moor gebannt wurden und dort eine letzte Ruhestätte fanden.

Auch wenn die Forscher viele Details aus dem Leben herausfinden und auch manche Frage beantworten können, so warten doch noch viele Rätsel auf eine Lösung: Manch einer kam sicherlich an einem nebligen Tag im Moor vom Weg ab, irrte stundenlang herum und kam dann durch einen unvorsichtigen Schritt in einem schlammigen Moorloch zu Tode.

74← «Das Moor im Garten begraben?»

Da der **Torfabbau** heutzutage fast gänzlich mechanisiert ist, gehören Funde von vollständig erhaltenen Moorleichen vermutlich der Vergangenheit an. Sicherlich werden beim heutigen Torfabbau viele Moorleichen unerkannt abgebaut und zerstört.

Beobachtungstipp

Moorleichen in Museen
In diesen Museen können Sie sich ein Bild von Moorleichen machen:

Archäologisches Landesmuseum Schloss Gottorf
Schlossinsel 1, 24837 Schleswig
www.schloss-gottorf.de/archaeologisches-landesmuseum

Landesmuseum für Natur und Mensch
Damm 38–44, 26135 Oldenburg
www.naturundmensch.de/moor.html

Niedersächsisches Landesmuseum Hannover
Willy-Brandt-Allee 5, 30169 Hannover
www.landesmuseum-hannover.niedersachsen.de

In diesem Museum wird der «Rote Franz» ausgestellt.

Ostfriesisches Landesmuseum Emden,
Rathaus am Delft, Brückstraße 1, 26725 Emden
www.landesmuseum-emden.de

Kurzinformationen Winter

Durch den Schornstein

Die winterlichen Tieftemperaturen, bei denen man sich nach einem ausgedehnten Spaziergang an der frischen Luft auf eine gut geheizte Stube freut, erinnern daran, dass neben Holz vor allem Torf in bäuerlichen Gegenden bis weit in das letzte Jahrhundert hinein als billiges Brennmaterial verwendet wurde. Erst nach und nach wurde er durch Braun- und Steinkohle abgelöst. Der oberflächennah anstehende Weißtorf eignete sich als Brennmaterial nicht besonders gut. Gesuchtes Material beim Torfstechen waren die tiefer liegenden Schwarztorfschichten. Die mit besonderen Werkzeugen frisch gestochenen Torfquader waren jedoch am Anfang noch zu feucht, um sofort verfeuert werden zu können. Daher mussten sie – im Lockerverband aufgeschichtet – erst wochen- oder monatelang trocknen. Der Torfstich fand daher vorzugsweise im Frühjahr statt, um bis zum Herbst eine ausreichende Trocknung zu ermöglichen. Torf brennt etwas länger als Holz, allerdings mit beträchtlicher

Torfabbau im Hochmoor

Rauchentwicklung und meist heftiger Geruchsbelästigung. Die torfbeheizten Moorkaten früherer Zeiten waren wohl doch keine so heimeligen Quartiere, wie sie die heutigen Freilichtmuseen darstellen. Über den Brenn- bzw. Heizwert von Torf orientiert die folgende Vergleichstabelle.

Brennstoff	**Heizwert in**	
	kJ/kg	kWh/kg
Holz, waldfrisch	6800	1,9
Holz, lufttrocken	14500	4,2
Papier	15000	4,2
Braunkohle, roh	8000	2,2
Braunkohlenbriketts	19600	5,6
Steinkohle	25000	7,5
Torf	15000	4,2

Immer schwärzer

Moore, wie man sie heute in Mitteleuropa und in weiten Teilen der Nordhemisphäre findet, sind kaum älter als etwa 13 000 Jahre. Sie gehören damit geologisch dem jüngsten Quartär (= Holozän) an. Moorbildungen gab es jedoch auch schon in viel früheren Epochen der Erdgeschichte. Deren Torfablagerungen sind allerdings stark verändert: Druck- und zeitabhängig wird die abgestorbene Biomasse durch komplexe physikalische und vor allem chemische Abläufe relativ kohlenstoffreich. Diesen besonderen Prozess nennt man Inkohlung. Die klassische Inkohlung-Entwicklungsreihe reicht vom Torf über Braunkohle, Steinkohle bis zum Anthrazit.

40← «Geschichtete Geschichte»

Das **älteste bisher bekannte Torflager** ist das rund 400 Mio. Jahre alte Psilophytenmoor von Rhynie in Schottland. Hier steht ein 2,4 m mächtiges, völlig verkieseltes Gesteinspaket, das bezeichnenderweise die frühesten europäischen Landpflanzen bewahrt hat, darunter die berühmte nach ihrem Fundort benannte *Rhynia gwynne-vaughanii*. Entdeckt hat das bedeutende Fossil ein Amateurgeologe im Jahre 1912 bei der genaueren Inspektion der dörflichen Kirchhofmauer. Deutlich jünger sind die aus dem Oberkarbon bekannten Steinkohleflöze, die unter anderem im Ruhrgebiet

abgebaut wurden. Wie ausgedehnt zur Entstehungszeit die Waldmoore waren, zeigt beispielsweise das rund 200 km lange und bis 50 km breite Katharinenflöz. Die im Rheinischen Revier westlich von Köln abgebaute Braunkohle stammt dagegen aus dem oberen Tertiär (Miozän) und ist etwa 15 Mio. Jahre alt.

Der Eiszeit auf der Spur

Die weiten Ebenen im nördlichen Tieflandgürtel überraschen stellenweise mit beeindruckenden Gesteinsblöcken, die der Volksmund Findlinge und die Fachsprache erratische Blöcke oder glaziale Errata nennt. Da sie aus Gneisen oder Graniten und fallweise auch aus Porphyren bestehen, die in Norddeutschland weit und breit nicht vorkommen, war schon früh klar, dass sie nicht an Ort und Stelle entstanden sein konnten. Erst die im 19. Jahrhundert einsetzende Eiszeitforschung lieferte den Schlüssel zum Verständnis: Es sind Gesteinsfragmente aus Skandinavien, die jahrtausendelanger massiver Eisschub aus dem Ursprungsgebiet weit nach Süden verschleppt hat. So ist beispielsweise der hübsch gezeichnete Rhombenporphyr das Leitgestein der Geschiebe aus Norwegen und eine kennzeichnende Hinterlassenschaft aus der ersten Phase der saalezeitlichen Vereisung.

Findlinge sind sozusagen die Migranten aus der Eiszeit. Wegen ihrer besonderen Formen stellt man sie fallweise auch als Dekorationsstücke in Parkanlagen auf.

Die kleineren erratischen Blöcke hat man in früherer Zeit in der freien Flur aufgelesen und gerne als Baumaterial verwendet. In einer an Felsen armen Region waren sie verständlicherweise sehr begehrt, und so findet man sie heute überall im Fundament dörflicher Backsteinkirchen und sonstiger Repräsentationsbauten. Die größeren Blöcke fanden eine viel frühere Verwendung in den eindrucksvollen Großsteingräbern der küstennahen Megalithkultur(en). Diese in der Jungsteinzeit etwa zwischen 3500 und 2800 v. Chr. errichteten «Hünengräber» sind die ältesten Bauwerke Europas und über 1000 Jahre älter als die ägyptischen Pyramiden. Besonders große Findlinge ruhen immer noch an Ort und Stelle, wo der Gletscher sie einst deponierte. Der etwa 330 t schwere Giebichenstein in der Nähe von Nienburg, der größte Findling in Niedersachsen, wurde vom Eis der Saale-Kaltzeit bis fast an die Weser verschleppt.

Beobachtungstipp – Spurensicherung im Gestein

Oft sind auf den Blöcken noch die vom Transport herrührenden Schrammen und Schrunden zu erkennen. Sie zeigen sich als längere Striemen, aber auch als betonte Rundungen an den Kanten. Oft tragen die Findlinge einen artenreichen Aufwuchs aus Krustenflechten, die mit leichten Säureattacken Mineralien aus ihrer Unterlage lösen und diese für ihren Stoffwechsel nutzen.

Mythos Megalithgrab: Trotz vieler archäologischer Daten bleibt immer noch ein Rest Geheimnis.

Wacholderheiden im Mittelgebirge

Die Schafhaltung war bis weit in das 20. Jahrhundert einer der wichtigsten Erwerbszweige in den Hochlagen der Mittelgebirge, darunter auch in der Eifel oder auf der Schwäbischen Alb. Schafherden zogen über die Hänge und verhinderten durch ständigen Verbiss, dass sich hier über Samenanflug Strauch- oder Baumgehölze ansiedeln konnten. Den Besenginster mit seinen zählederigen Rutenästen verschmähten selbst die hungrigsten Weidetiere und verhalfen ihm damit zu ungeahnten Verbreitungserfolgen.

Auch der **Wacholder** ist weitgehend verbissfest und hielt damit dem Beweidungsdruck stand. Wo die Schafherden nachhaltig die Verbuschung von Weideflächen verhinderten, konnte sich der lichthungrige Wacholder ausbreiten und prächtige Wacholderheiden aufbauen. Im heutigen Bewuchsbild fehlt dieses ausgesprochen nützliche und interessante Nadelholz. Oft lief die degradierende Waldnutzung aus klimatischen Gründen oder wegen der besonderen Bodenbedingungen auch auf die Entwicklung ausgedehnter Zwergstrauchheiden hinaus. Gewöhnlich bestanden diese nutzungsbedingt entstandenen Heideflächen aus Besenheide.

→170 «Leitgehölz der Heidelandschaft»

Wo lebt das Moorhuhn?

Nein – nicht das reichlich dämliche und möglicherweise gerade deshalb so erfolgreiche Computerspiel ist gemeint, in dem man unbarmherzig auf eine zur Karikatur verkommene Kreatur ballert. Vielmehr geht es um eine Vogelart mit dem zoologisch korrekten Namen Moorschneehuhn *(Lagopus lagopus)*, die noch bis in das

Moorschneehuhn *(Lagopus lagopus)*

Moorschneehuhn

Alpenschneehuhn

17. Jahrhundert auch Brutvogel in Mitteleuropa war. Heute kommt das **Moorschneehuhn** jedoch nur noch in den Fjälls und Tundren Skandinaviens sowie im nördlichen Eurasien vor. Ähnlich wie beim nahe verwandten **Alpenschneehuhn** *(Lagopus mutus)* wechseln die Männchen vier Mal im Jahr ihr Federkleid – und das alles nur, um bei den unterschiedlichen Schneebedeckungsmustern möglichst tarnfarbig mit der Umgebung verschmelzen zu können. Das Wintergefieder ist folglich rein weiß. Im Sommerhalbjahr ist das Federkleid dagegen eher rotbraun. Im gemeinsamen Verbreitungsgebiet wie im Norden Skandinaviens sind die beiden Arten übrigens nicht leicht zu unterscheiden. In Schottland lebt eine eigene Unterart *Lagopus lagopus scoticus*, die ganzjährig bräunlich gefärbt ist. Das Moorhuhn-Männchen äußert sich mit einem ziemlich lauten, leicht hysterisch und fast unheimlich wirkenden Ruf, der Moor- und Heidewanderern erfahrungsgemäß ziemlich heftig in die Glieder fährt.

Nebel im Moor

«Sich wie Phantome die Dünste drehn ...», textete Annette von Droste-Hülshoff die dritte Zeile ihrer düsteren Ballade «Der Knabe im Moor» und meinte damit vermutlich die Schwaden, die im seinerzeit noch moorreichen Münsterland vor allem in der kühleren Jahreszeit die Landschaft und ihre Wahrnehmung vernebelten.

Wenn feuchte Luft aufsteigt, kühlt sie sich ab und kondensiert ab einer gewissen minimalen Temperatur zu feinsten Tröpfchen. Auf diese Weise entsteht Nebel. Über einem abflusslosen Niedermoor kann das Wasser fast nur durch Verdampfen wieder zurück in die Atmosphäre gelangen. Daher bilden sich hier bei Feuchtesättigung der Luft ebenso wie in einer Wolke Nebeltröpfchen von etwa 10–100 mm Durchmesser. Ihre Anzahl beträgt im Mittel etwa 25 Tröpfchen je cm^3. Der Flüssigwassergehalt einer (Nebel-)Wolke liegt damit bei $0{,}1 g\ m^{-3}$. Wenn aus einem nebeligen Wolkentröpfchen ein Regentropfen von etwa 1 mm Durchmesser werden soll, ist deshalb immerhin ein Massenzuwachs um den Faktor 10^3 erforderlich. Häufig geschieht das aber gar nicht hoch oben in einer Wolkenschicht, sondern man steht – beispielsweise in einem Moor – mitten drin: Nebel ist nichts anderes als eine Wassertröpfchenansammlung, die als Wolke direkt bis auf den Erdboden reicht.

Mit stechend spitzen Blättern

Stechpalme

Die stechend spitzen Blattzähne der derben, oberseits dunkelgrün glänzenden Blätter zusammen mit dem Brauch, dass **Stechpalmen**zweige an Palmsonntag Kirchen schmücken, gaben diesem giftigen, bis zu 10 m hohen Strauch oder Baum seinen Namen. Es gibt männliche und weibliche Pflanzen. Nur die weiblichen tragen im Mai und Juni kleine weiße Blüten in den Blattachseln, aus denen sich nach der Bestäubung

durch Bienen und andere Insekten die bis zu 1 cm großen roten Steinfrüchte entwickeln. Diese bleiben den Winter über an den Zweigen sitzen. Vögel fressen gern die Früchte und verbreiten so die Samen. Stechpalmen *(Ilex aquifolium)*, auch Hülsen genannt, wachsen wild auf kalkfreien, nährstoffreichen Böden in gehölzreichen Mooren und Wäldern, werden aber auch in Gärten und Parks angepflanzt. Achtung: Alle Pflanzenteile – auch die Steinfrüchte – sind giftig!

Stechpalme (*Ilex* sp.) im Winter mit reifen Früchten

Moor und Heide im Museum

Während der Spätherbst- und Winterwochen verführt die oft unfreundliche Witterung bei tief hängenden Wolken und nasskaltem Nieselregen nur die ganz entschlossenen Enthusiasten zu ausgedehnteren Wanderungen durch eine Moor- oder Heidelandschaft. Für alle andere ist spätestens jetzt die Zeit gekommen, sich in einem der vielen regionalen Spezialmuseen zu dieser Thematik vertiefend umzuschauen. Vor allem in Norddeutschland ist die Auseinandersetzung mit den ehedem ausgedehnten Moorgebieten in der öffentlichen Wahrnehmung bemerkenswert präsent, was sich umgekehrt in einer überraschend großen Anzahl von thematisch spezialisierten Moormuseen mit natur- und heimatkundlichem Sammlungsbestand widerspiegelt. Die folgenden Beispiele sind eine Auswahl der vielen empfehlenswerten Institutionen:

Einen besonderen Anziehungspunkt stellt das **Moormuseum «Moordorf»** bei Aurich (Ostfriesland) dar. Es zeigt die entbehrungsreiche Entwicklung einer ostfriesischen Moorkolonie in authentischer Umgebung, weswegen man es auch «Museum der Armut» nennt.

Moormuseum Moordorf, Victorburer Moor 7a, 26624 Südbrookmerland
http://moormuseum-moordorf.de

Im Cloppenburger Land kann man im **Moor- und Fehnmuseum Elisabethfehn** alles erleben, was man über Fehn, Moor und Torf wissen sollte. Auf dem Außengelände sieht man historische Torfgewinnungs- und -verarbeitungsmaschinen. Ein Moorlehrgarten sowie in enger Nachbarschaft bestehende lebende Hoch- und Niedermoorflächen vermitteln einen wunderbaren Einblick in die Pflanzenwelt dieses Lebensraums.

Moor- und Fehnmuseum, Oldenburger Straße 1, 26676 Elisabethfehn
www.fehnmuseum.de

Eines der besten Museen zum Thema «Moor» ist das **Emsland-Moormuseum.** Im Freigelände befindet sich passenderweise ein noch lebendes Restmoor, sodass es sich auch als besonderer Lernort für Schulen eignet.

Emsland Moormuseum, Geestmoor 6, 49744 Geeste – Groß Hesepe
www.moormuseum.de

Die Lüneburger Heide als einzigartige Kulturlandschaft präsentiert das ganzjährig geöffnete, vom Verein Naturschutzpark getragene **Heide-ErlebnisZentrum Undeloh.** Hier kann man sich auch Filme zum Natur- und Artenschutz oder zu den notwendigen Pflegemaßnahmen in der Heidelandschaft anschauen – die rechte Einstimmung, bevor man zu einer Wanderung oder Radtour in das originale Ambiente aufbricht.

Heide-ErlebnisZentrum, Wilseder Straße 23, 21274 Undeloh
www.lueneburger-heide.de

Die **Hoge Veluwe** in der Provinz Gelderland ist in etwa das niederländische Pendant zur Lüneburger Heide. Das Parkgelände zeichnet sich durch einen lebhaften Wechsel von Wald- und Heideflächen sowie große Sandmagerrasen aus und bietet auch eine Reihe kulturgeschichtlich hervorhebenswerter Attraktionen. Es ist allerdings eine besonders besucherintensive Institution, die man eher außerhalb der Wochenenden und der Hauptferienzeiten aufsuchen sollte.

Het Nationale Park De Hoge Veluwe,
Apeldoornseweg 250, NL–7351 TA Henderloo
www.hogeveluwe.nl

Im Chiemgauer Voralpenland gibt es das erlebniswerte **Bayerische Moor- und Torfmuseum Rottau**, ein bemerkenswertes Projekt des ehrenamtlichen Bürgerengagements. Es liegt direkt südlich des Chiemsees am Rand des großen Naturschutzgebietes Kendlmühlfilzen. Zu sehen sind hier der Torfbahnhof Rottau, ein Industriedenkmal aus dem Jahre 1920, eine betriebsfähige Feldbahn (mit der man anlässlich einer Führung fährt) sowie das eigentliche Museum mit seinen zahlreichen Exponaten. Vom Torfbahnhof aus gelangt man über einen Wanderweg direkt zum Moor.

Bayerisches Moor- und Torfmuseum, Hackenstraße, 83224 Rottau
www.torfbahnhof-rottau.de

Fragen

- Wie groß ist das Moorschneehuhn?
- Wie könnte man Nebel auch noch bezeichnen?
- Welche Region war einst das größte Moorgebiet Mitteleuropas?

→201
Antworten

Anhang

Fragen und Antworten

Einleitung

Was dokumentieren Heidelandschaften?
Heiden sind streng genommen ein Dokument des (früheren) Raubbaus an der Natur und stellen insofern echte Kulturlandschaft dar.

Welche Bedingungen führen zur Entstehung eines Moors?
Über einer wasserstauenden Schicht im Boden bleibt das Wasser immerzu stehen. Es wird durch reichlich Niederschläge bei hoher Luftfeuchtigkeit ständig zugeführt. Damit sich nun ein Moor bildet, muss der Standort sonnig sein und die Produktion an pflanzlicher Substanz (Zuwachs) muss höher sein als der Verlust durch zersetzende Prozesse.

Was ist Torf?
Torf besteht aus überwiegend pflanzlichen Moor«leichen», also organischer Totsubstanz, die über viele Wachstumsperioden hinweg aufeinandergeschichtet sind.

Was passiert mit dem Pflanzenmaterial in einem Moor?
Das Moor ist ein nasser Lebensraum. Durch den permanent hohen Wasserstand herrscht am Gewässerboden Sauerstoffmangel, der einen unvollständigen Abbau der pflanzlichen Substanz zur Folge hat. Diese werden als Torf abgelagert. Weil fortlaufend mehr Torf hinzukommt, wächst das Moor in die Höhe.

Wieso können Hochmoore im Hochgebirge nur unterhalb der aktuellen Waldgrenze existieren?
Weil die Vegetationsperioden mit zunehmender Höhenlage deutlich kürzer ausfallen und dadurch bedingt die Torfbildungsrate schwächer ausfällt.

Was ist das Besondere eines Kondenswassermoors?
In den österreichischen Alpen gibt es in einigen Gebieten mit großen Ansammlungen von Steinblöcken (Blockhalden) diese eigentümlichen Moore, die ihr Wasser aus der Luftfeuchtigkeit erhalten. Die Kondenswassermoor bilden kleinste Moore an den steilen Hängen, an denen die kühle feuchte Luft in den engräumigen Hohlraumsystemen der Felsen (Kaltlöcher) kondensiert. In der hohen Luftfeuchtigkeit wachsen üppige Moose, wie z. B. Torfmoos.

Welche Niedermoore gibt es neben den erwähnten Haupttypen noch?

› Überflutungsmoore erhalten ihr Wasser vom Meer oder von Flüssen und stehen dank periodisch schwankenden Wasserständen mehr oder weniger unter Wasser. Dabei mischen sich unter die Torfschichten immer wieder Schichten von Schluff oder Sand.
› Durch die Durchströmungsmoore fließt stets ein Grundwasserstrom, der aber nicht als Quelle das Moor verlässt.
› In Geländesenken ohne natürlichen Ablauf können Kesselmoore entstehen, die auch noch einen Restsee besitzen. Dieser Moortyp kommt etwa in Vulkangebieten sowie in eiszeitlich geprägten Jungmoränenlandschaften vor (siehe Seite 31).

Was ist ein Schwappmoor?

In einem Schwapp- oder Schaukelmoor treibt ein 1–2 m mächtiger Körper aus verschiedenen Pflanzen auf einem Gewässer, das mehrere Meter tief ist.

Was ist ein Bruchwald?

Ein Bruchwald ist ein sumpfiger Wald, der permanent nass und regelmäßig auch überstaut ist. Er unterscheidet sich vom Auenwald, denn dieser wird regelmäßig von einem begleitenden Fließgewässer überflutet und weist somit eine starke Wasserstandsdynamik auf. Bruchwälder hingegen stehen niemals trocken und sind stets sumpfig. «Bruch» bedeutet auch sumpfiges Gebiet.

Welches ist der bekannteste Bruchwald/Moorwald der Erde?

Die Everglades in Florida, in denen Sumpfzypressen *(Taxodium distichum)* und Tupelobäume *(Nyssa aquatica)* wachsen.

Wodurch zeichnet sich der Naturpark Hohes Venn–Eifel aus?

Der deutsch-belgische Naturpark Hohes Venn–Eifel besitzt ein in Europa einzigartiges Hochmoorgebiet, das nach der letzten Eiszeit vor etwa 7500 Jahren entstanden ist. Das Gebiet ist über 4100 Hektar groß, rund 100 Hektar Moorflächen sind sogar in weitgehend von Menschen unberührtem Zustand.

Was haben Toteisseen, Karseen und Maarseen gemeinsam?

Sie sind zu- und abflusslose Stillgewässer.

Wer hat den Begriff vom Maarmoor geprägt?

Der Aachener Pflanzensoziologe Prof. Dr. Matthias Schwickerath (1892–1974), der sich auch mit der Pflanzensoziologie des Hohen Venn und dessen Randgebieten beschäftigt hat.

Wo konnten sich Heidelandschaften ohne menschliche Einflüsse bilden?

Auf natürliche Weise konnten bei uns Heiden nur in Gebieten entstehen, die von Natur aus waldfrei waren, so etwa in den Dünenlandschaften der Küsten, in Mooren oder im Gebirge.

Welcher Bodentyp ist für Heiden typisch?

In den meisten Heidelandschaften ist der Boden nährstoffarm und sauer.

Wo gibt es bei uns natürliche Heidegebiete?

Natürlicherweise können sich Heiden nur an waldfreien Standorten bilden, die es in Mitteleuropa natürlicherweise nur an den Küsten (Dünenlandschaften), in Mooren und im Gebirge gibt.

Frühling

Wie lange braucht Torf zur Entstehung?

Torf entsteht sehr langsam, meist werden pro Jahr nur 1 mm Torf in einem Moor abgelagert, in manchen Mooren aber auch bis zu 10 mm pro Jahr. Daher sind die Moore sehr alt, das bekannte Teufelsmoor bei Worpswede (nördlich von Bremen) ist zum Beispiel etwa 8000 Jahre alt.

Worin unterscheidet sich Weiß- von Braun- und Schwarztorf?

Diese Torfarten unterscheiden sich durch den Grad der Zersetzung, die das pflanzliche Ausgangsmaterial erfahren hat. Im hellen Weißtorf sind die enthaltenen Pflanzen noch deutlich erkennbar. Bei fortgeschrittener Zersetzung sieht Brauntorf optisch homogen aus, im feinkrümeligen Schwarztorf sind dann gar keine Pflanzenreste mehr erkennbar.

Womit kann man den Brennwert von Torf vergleichen?

Trockener Torf ist wie Braunkohle brennbar.

Wie reagieren Torfmoose in Trockenzeiten?

In Trockenzeiten fahren Torfmoose ihren Stoffwechsel auf ein Minimum herunter. Steht dann wieder Wasser zur Verfügung, können die großen Hyalinzellen (Speicherzellen) sehr stark aufquellen und über das 30-Fache ihrer Trockenmasse an Wasser aufnehmen.

Sind Torfmoose zu unbegrenztem Wachstum fähig?

Ja. Wenn die unteren Pflanzenteile unter Wasser geraten und mangels Luft absterben (und zu Torf werden), wachsen die oberen Pflanzenteile der Torfmoose dank dem unbegrenzten Spitzenwachstum der Sprosse einfach weiter. Dieses unbegrenzte Wachstum führt zu der typischen uhrglasförmigen Aufwölbung der Hochmoore.

Wo verbringen Moorfrösche den Sommer?

Nach der Eiablage Mitte März bis Mitte April verlassen die Moorfrösche die Laichgewässer (sonnige Torfstiche in den Mooren, aber auch Altwässer und Gewässer in Nasswiesen, Erlenbruchwäldern und Weichholzauen) und ziehen an Land. Sie verbringen den Sommer zwischen dichten Seggen- und Binsenbulten und anderen Kräutern und sind dann auch in trockeneren Hochmoorflächen mit Pfeifengrasbeständen anzutreffen. In längeren Trockenzeiten wandern sie auch an Gewässerufer. Auch den Winter verbringt der Moorfrosch in einem frostsicheren Versteck an Land, etwa in Feldgehölzen.

Zu welcher Tageszeit rufen die Moorfrösche in den Laichgewässern am häufigsten?

Von Mitte/Ende März bis Anfang April kann man die Rufe der Männchen, die sich gern in Ruf- und Balzgruppen aufhalten, vor allem in den frühen Abendstunden hören, aber auch bei intensivem Sonnenschein. Die Rufe sind recht leise und klingen wie «wudt wuoddt wudt wuoddt». Bei der geringsten Störung tauchen die Frösche ab und verstecken sich sehr lange am Gewässergrund.

Welchen Ursprung hat die Redewendung «in die Binsen gehen»?

Wenn «etwas in die Binsen geht», dann ist etwas missglückt oder verloren gegangen. Vermutlich hat diese Redewendung – wie beispielsweise auch «durch die Lappen gehen» oder «auf den Leim gehen» – ihren Ursprung in der Jägersprache. Nahmen Enten die Gefahr durch einen Jäger wahr, etwa durch einen Fehlschuss, so fliehen sie in die dichte Ufervegetation, etwa in Schilf- oder Binsenbestände. Dort waren sie vor den Blicken des Jägers verborgen und nicht mehr jagdbar: Was gut für die Enten ist, ist aus der Sicht des Jägers ein missglückter Jagdversuch. Die Jagd ist in die Binsen gegangen.

Wie vermehren sich Binsen?

Neben der generativen Vermehrung über Samen vermehren sich die meisten Binsen-Arten über Ausläufer (Rhizome). Wie viele Süßgräser bilden etliche Binsen auch Horste. Auffällig ist auch, dass Binsen oft den ganzen Winter über grün bleiben.

Zu welcher Algengruppe gehören die Desmidien?

Sie sind einzellige Grünalgen, die meist am Boden von Moortümpeln oder auf ständig untergetauchten Pflanzenteilen sitzen. Nur wenige leben planktonisch.

Wie hoch ist der Anteil von Huminstoffen in moorigen Böden?

Moorige Böden haben den höchsten Gehalt an Huminstoffen, der zwischen 10 und 20 % liegt. Wiesenböden enthalten bis zu 10 % Huminstoffe, Schwarzerde 2 bis 7 % und Ackerböden nur 1–2 %.

Wieso sind Moospolster so wertvoll?

Moospolster sind ökologisch wertvolle Lebensräume, denn sie beherbergen eine Vielzahl und Vielfalt an Klein- und Kleinstorganismen. Zu den Tierarten, die die Moorpolster besiedeln, gehören Ameisen, Asseln, Hundertfüßer und Tausendfüßer (Myriapoden), Schnecken, Spinnen, Springschwänze und zahlreiche Käferarten. Auch die Larven verschiedener Insekten vollziehen ihre Entwicklung in den Moospolstern, die somit auch stets interessante Beobachtungs- und Entdeckungsmöglichkeiten bieten.

Wie sieht der Lebensraum des Birkhuhns aus?

Restvorkommen von Birkhühnern gibt es heutzutage vor allem in Heidelandschaften, in lichten von Mooren durchsetzten Kiefernheiden und auf Truppenübungsplätzen. Wichtige Habitatelemente sind Zwergstrauch- und lichte Birkenbestände sowie feuchtes, extensiv genutztes Grün- oder Brachland.

Was ist ein Rackelhuhn?

Interessanterweise sind in den Regionen, in denen Birk- und Auerhühner vorkommen, immer mal wieder Bastarde zwischen diesen beiden Arten nachgewiesen, die Rackelhühner. Birkhähne scheinen manchmal die sehr ähnlichen Hennen dieser verschiedenen Hühnerarten nicht auseinanderhalten zu können. Die Größe des Rackelhuhns bzw. -hahns liegt zwischen der von Auerhuhn und Birkhuhn, sie sind nur eingeschränkt fruchtbar.
Auch Bastarde von Birkhuhn und Fasan wurden schon beschrieben.

Womit erzeugen Kiebitze die wummernden Fluggeräusche, die auch «Wuchteln» genannt werden?

Mit den verlängerten Flügelfedern an den breiten Flügeln der Männchen.

Woher stammen die Scharen der Großen Brachvögel, die man am Wattenmeer beobachten kann?

Das sind leider keine bei uns brütenden Großen Brachvögel, denen die Umstellung vom Lebensraum Moor auf den Lebensraum Ackerland und fette Mähwiese geglückt sein könnte, sondern Gäste aus Nordeuropa.

Wer verweilt bei drohender Gefahr bei den Küken der Rotschenkel – Vater oder Mutter?

Es ist tatsächlich das Männchen, das bei drohender Gefahr am längsten bei den Jungen ausharrt. Das Weibchen hat sich schon viel früher in Sicherheit gebracht und die Familie verlassen – aus ökologischer Sicht ist dies auch sinnvoll!

Wozu dient die weiße Rinde der Birken?

Sie ist sozusagen ein natürlicher Schutz vor winterlichen Frostrissen. Da Birken als Pioniergehölze oftmals solitär stehen, verhindert die weiße Rinde an sonnigen Spätwintertagen ein zu großes Aufheizen der sonnenexponierten Stammseite. Dadurch ergibt sich kein so großer Temperaturunterschied zwischen sonnigem Tag und kalter/frostiger Winternacht, und Frostrisse, die u. a. auch Eintrittspforten für Pilze und Krankheitserreger sein können, werden vermieden.

Können frisch aus dem Ei geschlüpfte Kreuzottern schon giftig beißen?

Ja. Der Biss einer frisch geschlüpften Kreuzotter ist genauso giftig wie jener der adulten Tiere – und das, obwohl die Jungen nur 14–20 cm lang sind. Erwachsene Kreuzottern erreichen bei uns Körperlängen von bis zu 65 cm (Männchen) bzw. bis zu 85 cm (Weibchen).

Sommer

Was sind die auffälligen «Wattebäusche» der Wollgräser?

Die auffälligen «Wattebäusche» der Wollgräser sind keinesfalls die Blüten dieser Gräser, sondern deren Fruchtstände. Der weiße Wollschopf wird aus den Hüllfäden der Blütenhülle (Perianth) der Früchte gebildet, die nach der Blüte ein enormes Längenwachstum zeigen und bis zu 5 cm lang werden können. Sie fallen zusammen mit den Früchten ab.

Welche ökologischen Eigenschaften hat das Schmalblättrige Wollgras *(Eriophorum angustifolium)*?

Als Lichtpflanze gedeiht dieses Wollgras nur an vollsonnigen Plätzen auf durchnässten, luftarmen, sauren bis mäßig sauren, stickstoffarmen Böden. Wenn die Standortbedingungen stimmen, besiedelt es rasch offene Flächen.

Welche Libellenarten kann man an norddeutschen Moorseen antreffen?

In den flachen, mit Wollgras und Torfmoos bewachsenen Moorseen dominieren unter den Libellen diese Arten: Braune Mosaikjungfer *(Aeshna grandis)*, Torf-Mosaikjungfer *(Aeshna juncea)*, Hochmoor-Mosaikjungfer *(Aeshna subarctica)*, Große Königslibelle *(Anax imperator)*, Speer-Azurjungfer *(Coenagrion hastulatum)*, Becher-Azurjungfer *(Enallagma cyathigerum)*, Gemeine Binsenjungfer *(Lestes sponsa)*, Kleine Moosjungfer *(Leucorrhinia dubia)*, Nordische Moosjungfer *(Leucorrhinia rubicunda)*, Vierfleck *(Libellula quadrimaculata)* und Schwarze Heidelibelle *(Sympetrum danae)*.

Welche Libellenarten kommen in alpinen Kleinstmooren vor, die ökologisch besonders wertvoll sind?

Alpen-Mosaikjungfer (*Aeshna caerulea*, kommt nur in Höhenlagen über 1000 m vor), Torf-Mosaikjungfer (*Aeshna juncea*), Hochmoor-Mosaikjungfer (*Aeshna subarctica*), Speer-Azurjungfer (*Coenagrion hastulatum*), Hufeisen-Azurjungfer (*Coenagrion puella*), Gemeine Binsenjungfer (*Lestes sponsa*), Kleine Moosjungfer (*Leucorrhinia dubia*), Vierfleck (*Libellula quadrimaculata*) und Alpen-Smaragdlibelle (*Somatochlora alpestris*).

Aus wie vielen Einzelaugen (Ommatidien) setzt sich ein Libellenauge zusammen?

Libellen können sehr gut sehen, dank der halbkugelförmigen, an den Körperseiten angebrachten Komplexaugen (Facettenaugen) besitzen sie auch einen Rundumblick. Jedes Auge besteht aus rund 30 000 Einzelaugen. Neben diesen großen Komplexaugen sitzen am Kopf in Fühlernähe noch drei Punktaugen (Ocellen) in Form eines Dreiecks.

Wie schnell wachsen carnivore Pflanzen?

Da das Bilden von komplexen Fangblättern sehr energiezehrend ist und Fangblätter auch weniger Fotosynthese betreiben als normale Laubblätter, wachsen Carnivoren sehr langsam. Da aber an Standorten mit Nährstoffmangel (etwa Moore) andere Pflanzen nicht oder nur eingeschränkt wachsen können, ist ihr langsames Wachstum kein Nachteil. Anders ist die Situation an nährstoff(stickstoff)reichen Plätzen: Dort werden sie rasch von anderen Pflanzen verdrängt.

Wessen bedürfen die carnivoren Pflanzen?

Carnivore Pflanzen kommen nur an Standorten vor, die ausreichend mit Licht und Wasser versorgt sind. Nur an vollsonnigen bis sehr hellen Standorten können die Fangblätter ausreichend Fotosynthese betreiben.

Welchen Rekord hält die Sommerwurz?

Ihre nur 0,3–0,5 mm langen Samen gehören zu den kleinsten Pflanzensamen der Erde.

Ernähren sich auf Nasswiesen gehaltene Weidetiere von Läusekraut-Arten?

Nein, Rinder, Schafe und andere Weidetiere meiden die unangenehm riechenden, scharf schmeckenden Läusekraut-Arten, die zudem giftiges Aucubin enthalten.

Wovon ernährt sich das Braunkehlchen?

Das Braunkehlchen erbeutet kleine Insekten, Spinnen, Würmern und Schnecken, denen es von erhöhten Stellen aus (Ansitzwarte) auflauert.

Wie erbeutet der Ziegenmelker Insekten?

Der Ziegenmelker erbeutet meist im Flug verschiedene Fluginsekten (vor allem Schmetterlinge und Käfer), lauert ihnen aber auch wie ein Fliegenschnäpper von einer Ansitzwarte aus auf und schnappt sie nach einem kurzen Ausfallflug.

In welchem Entwicklungsstadium überwintert der Hochmoorgelbling?

Beim Hochmoorgelbling überwintern die Raupen an frostsicheren Stellen. Erst im nächsten Frühjahr setzen die Raupen ihre Entwicklung fort und verpuppen sich. Die grünlich gelbe Puppe mit dem auffallend hochgewölbten Rücken ist mit einem Gürtel an Pflanzenstängeln befestigt.

Wie reagieren Feld-Sandlaufkäfer auf Beunruhigung?

Feld-Sandlaufkäfer sind sehr scheu. Bei der geringsten Beunruhigung fliegen sie auf und lassen sich in kurzer Entfernung wieder auf den Boden fallen.

Woher hat das Pfeifengras seinen Namen?

Seinen Namen hat es von den langen, schlanken, steifen und scheinbar knotenlosen Halmen, mit denen man früher gerne die langen Tabakspfeifen reinigte. Tatsächlich befinden sich die Blattknoten und die sehr kurzen Knotenzwischenstücke (Internodien) tief an der Basis der auffallend dichten Horste. Das letzte Internodium zwischen dem obersten Blatt und dem Blütenstand ist dagegen über 1 m lang und macht fast die gesamte Länge des Halmes aus.

Wie lange braucht der Ameisenlöwe, um sich zu einer adulten Ameisenjungfer zu entwickeln?

Zwei Jahre lang braucht der Ameisenlöwe, bis das Larvenstadium beendet ist. Dann spinnt er sich in einen kugeligen Kokon ein und verpuppt sich zum erwachsenen Tier (Imago).

Herbst

Warum erfreut sich Heidekraut in vielen Gärten großer Beliebtheit?

Da Heidekraut *(Erica)* anspruchslos, pflegeleicht und robust ist, zudem vom Herbst über den Winter in schöner bunter Blütenfülle leuchtet und als Bodendecker verwendet werden kann, ist es eine beliebte Gartenpflanze. Pflanzzeit ist entweder von März bis Mai oder im September und Oktober. Achten Sie auf einen lockeren, sandigen und humosen Boden, der dank zugesetzter Rhododendronerde leicht sauer ist.

Welche Heidepflanze ist auch eine Charakterpflanze der Bulten?

Die Moosbeere *(Vaccinium oxycoccos)* kommt auch in Bruchwäldern und den Bulten in Bult-Schlenken-Komplexen vor. Dort rankt sie flach über die Torfmoospolster.

Wie werden die Samen der Rosmarinheide *(Andromeda polifolia)* verbreitet?

Durch den Wind. Er verstreut die Samen aus den fünfklappig aufspringenden Kapselfrüchten, die von August bis Oktober reif sind.

An welchen Körpermerkmalen kann man eine Spinne von einem Insekt unterscheiden?

Spinnen besitzen stets acht Beine, während alle Insekten auf sechs Beinen unterwegs sind. Auch an der Gliederung des Körpers kann man die beiden Tiergruppen voneinander unterscheiden: Der Körper einer echten Spinne ist in zwei Teile gegliedert – vorne sitzt der Vorderleib (Prosoma) mit Kopf und den acht Beinen, hinten der Hinterleib (Opisthosoma). Insekten hingegen haben einen dreigeteilten Körper: vorne sitzt der Kopf (mit Augen, Fühlern, Mundwerkzeugen), in der Mitte die Brust (mit den sechs Beinen und den Flügeln), hinten der Hinterleib.

Wie erbeutet die Gerandete Jagdspinne *(Dolomedes fimbriatus)* Insekten, kleine Fische und Kaulquappen?

Die Gerandete Jagdspinne baut kein Netz, sondern geht «zu Fuß» auf die Jagd. Sie lauert am Rand von langsam fließenden oder stehenden Gewässern auf ihre Beute. Dabei jagt sie nicht nur am Ufer, sondern auch auf der Wasseroberfläche. Dichte Haarbüschel an den Endgliedern der Beine verhindern, dass die 9–20 mm lange Spinne ins Wasser einsinkt.

Wie alt sind die ältesten Schichten eines Hochmoors?

Die ältesten Schichten eines Hochmoors reichen weit in die Vergangenheit zurück und sind bis zu 12000 Jahre alt. Dank der darin abgelagerten Pollen lässt sich mithilfe der Pollenanalyse von Torfbohrproben ziemlich genau rekapitulieren, wie die Landschaft in der Vergangenheit aussah und wie sie sich im Lauf der Jahrtausende verändert hat.

Worauf kann man auch durch Pollenanalyse von Torfbohrproben Rückschlüsse schließen?

Auf das Klima in der Vergangenheit; daher sind Pollenanalysen wichtig für die Klimaforschung.

Welche Substanz enthalten die Samen des Europäischen Stechginsters *(Ulex europaeus)*?

Die giftigen Samen enthalten bis zu 1% Cytisin, ein Alkaloid, das auch im Goldregen *(Laburnum anagyroides)* vorkommt. Nicht nur die Früchte, auch die Zweige des Stechginsters sind für den Menschen stark giftig.

Welche Standortbedingungen braucht die Glocken-Heide *(Erica tetralix)*?

Als Charakterpflanze feuchter Heiden und Heidemoore braucht diese Heidenart feuchte und nährstoffarme Standorte mit saurem Bodenmilieu. Sie gedeiht auf Torfböden und stark humosen Sandböden.

Wo liegt das größte Heidegebiet an der deutschen Nordseeküste?

Bei Cuxhaven erstreckt sich direkt hinter dem Geest die Cuxhavener Küstenheide. Sie besteht aus einem Mosaik von großflächigen Heiden, kleinen Heidemooren, Magerrasengesellschaften und Eichen-Krattwäldern, die größtenteils unter Naturschutz stehen. Heckrinder, Wildpferde, Wisente, Schafe und Ziegen tragen heutzutage zur Erhaltung der Heidegebiete bei, denn sie halten die Flächen von aufkommenden Sträuchern und Bäumen frei.

Woher stammt der Name Krannbeere?

Er leitet sich vom englischen Namen cranberry ab, der ursprünglich crane berries (= Kranichbeere) war. Die acht Staubblätter und der Griffel der verblühenden Moosbeerenblüten bilden nämlich eine Röhre, die an den Schnabel eines Kranichs erinnert.

Wodurch lassen sich die ähnlichen Früchte der Heidelbeere und der Rauschbeere voneinander unterscheiden?

Sowohl die Früchte der Heidelbeere als auch jene der Rauschbeere sind bläulich bereift (wegen dieser Bereifung können Vögel die Früchte besser erkennen). Während Heidelbeeren aber einen roten Fruchtsaft enthalten, ist der der Rauschbeeren farblos.

Welche Gase könnten auch bei der Entstehung von Irrlichtern beteiligt sein?

Neben Methan können im Moor noch weitere Gase gebildet werden, wie z. B. Phosphorwasserstoff (PH_3) oder Schwefelwasserstoff (H_2S). An der Luft entzündet sich Phosphorwasserstoff von selbst und verbrennt rauch- und geruchlos in einer blauen Flamme.

Wie lange brennt ein Irrlicht?

Nur wenige Sekunden lang. Wenn dann an einer Stelle ein Irrlicht erlischt und an einer anderen Stelle eines aufflammt, entsteht der Eindruck, als ob das Irrlicht übers Moor wandern würde. So entstanden die vielen Geschichten um Irrlichter, die von Naturgeistern, Irrwischen und anderen Sagengestalten erzeugt werden.

Welche Farbstoffe sind für die Rotfärbung der Blätter der Heidelbeere verantwortlich?

Die Herbstfärbung der Heidelbeeren *(Vaccinium myrtillus)*, die zum Ende der Saison ebenfalls die Sommerblätter ablegen, besteht fast nur aus Anthocyanen.

Wieso heißt die Moorlilie *(Narthecium ossifragum)* im Volksmund auch Beinbrech?

Früher haben die Menschen die Moorlilie für Knochenbrüche von Rindern, Schafen und anderen Weidetieren verantwortlich gemacht, denn damals wuchs die Pflanze häufig auf mageren, kalkarmen Wiesen. Diese Kalkarmut des Bodens führte wohl zu Kalkmangel bei den Tieren, verbunden mit einer unzureichenden Knochenbildung.

Winter

Was haben die charakteristischen Buckelwiesen in den Alpen mit Palsen gemeinsam?

Sie entstanden auf vergleichbare Weise, wenn bei sommerlicher Erwärmung die Moorbodenschichten auf hangigem Gelände abrutschten und Hangwälle entstanden.

Was erfahren Paläontologen bei der Untersuchung von Permafrostböden?

Ähnlich wie im Torf ist auch in Permafrostböden die voreiszeitliche und eiszeitliche Flora und Fauna (!) hervorragend konserviert, und die Wissenschaftler bekommen Einblick in die Lebensräume vergangener Zeiten. Spektakulär war etwa der Fund eines sehr gut erhaltenen Wollhaarmammuts auf der Taimyr-Halbinsel in Nordsibirien. Die über 30 000 Jahre alten Reste des Leinkrauts *Silene stenophylla* waren sogar so gut erhalten, dass Forscher im Jahr 2012 daraus Pflanzen heranziehen konnten.

Warum ist Schnee weiß und nicht durchsichtig wie Wasser?

Schnee enthält sehr viel Luft, die in den feinsten Hohlräumen zwischen den Schneeflocken gefangen ist. Diese Luft reflektiert das einfallende Licht gänzlich – und ergibt so die weiße Farbe. Wird Schnee zu einem festen Schneeball zusammengepresst, enthält er weniger Luft. Dann wird nicht mehr ganz so viel Licht reflektiert und die Schneemasse sieht angegraut aus. Wie viel Luft Schnee enthält, können Sie auch in einem kleinen Experiment erfahren: Schmelzen Sie einmal eine Handvoll Schnee. Es bleibt nur eine kleine Wasserlache übrig.

Warum knirscht Schnee manchmal bei jedem Schritt?

Wenn man an sehr eisigen Tagen über frisch gefallenen Schnee läuft, knirscht es. Dieses Knirschen entsteht, weil bei jedem Schritt die winzigen, bei kalten Temperaturen sehr steifen und festen Kristallästchen der Eiskristalle in den Schneeflocken abbrechen.

Warum ist es draußen so leise, wenn es frisch geschneit hat?

Wegen der vielen Hohlräume vermag Schnee sehr gut Geräusche zu schlucken; dadurch wird die Landschaft leiser. Die im Schnee eingeschlossene Luft wirkt auch isolierend – darum kommen Pflanzen unter einer schützenden Schneedecke besser über den Winter als ohne Schnee.

Sind Flechten Pflanzen?

Wegen ihrer Sonderstellung und Zusammensetzung aus verschiedenen Organismengruppen bezeichnet man die Flechten heute nicht mehr als Pflanzen, sondern fasst sie als ernährungsphysiologisch spezialisierte Pilze auf, die sich zur Sicherung ihres Lebensunterhalts produktive Algen als Untermieter halten.

Warum ist das Isländische Moos in Höhenlage brauner gefärbt als in tiefen Lagen?

Das braune Pigment schützt die Flechte vor zu starker Sonneneinstrahlung. Darum lagert das Isländische Moos umso mehr braune Pigmente ein, je heller der Standort ist.

Wie werden die Samen des Gemeinen Wacholders verbreitet?

Vögel verzehren die beerenförmigen Zapfen, die die hartschaligen Samen enthalten, als Ganzes und scheiden mit dem Kot die unversehrten Samen wieder aus. Durch die Bereifung durch Wachs leuchten die Beerenzapfen für Vogelaugen aus dem Grün der Wacholderbüsche heraus. Ihr bitterer Geschmack soll möglicherweise Mäuse, Füchse und andere Säugetiere davon abhalten, die Früchte zu fressen.

Wie kommt der Wacholder auf den kargen Heideböden an ausreichend Nährstoffe?

Der Wacholder wurzelt sehr tief. Zudem gehen die Wurzeln eine Symbiose mit verschiedenen Wurzelpilzen (Mykorrhiza) ein, durch die das Gehölz mit Nährsalzen und Wasser versorgt wird, das den Pilz im Gegenzug mit Fotosyntheseprodukten ernährt.

Wie datiert man die vorgeschichtlichen hölzernen Bohlenwege fast auf das Jahr genau?

Mithilfe der Jahrringchronologie (Dendrochronologie), einer sehr zuverlässigen Methode, bei der das in guten und schlechten Wachstumsjahren unterschiedliche Baumwachstum ein unverkennbares Muster an Jahrringen ergibt. Auf diese Weise können ziemlich genaue Datierungen gemacht werden, die rund 8000 Jahre zurückreichen,

Wie groß ist das Moorschneehuhn?

Mit einer Körperlänge von 35–40 cm und einer Flügelspannweite von 55–65 cm ist das Moorschneehuhn etwas größer als das nah verwandte Alpenschneehuhn *(Lagopus muta)*. Es wiegt zwischen 500 und 700 g.

Wie könnte man Nebel auch noch bezeichnen?

Als eine Wolke, die bis zum Erdboden reicht.

Welche Region war einst das größte Moorgebiet Mitteleuropas?

Das niedersächsische Emsland.

Zum Nachschlagen und Weiterlesen

Behre, K.-E.: Landschaftsgeschichte Norddeutschlands. Wachholtz Verlag, Neumünster 2008

Bellmann, H.: Der Kosmos-Libellenführer. Kosmos-Verlag, Stuttgart 2007

BUWAL (Bundesamt für Umwelt, Wald und Landschaft) (Hrsg.): Moore und Moorschutz in der Schweiz. Bern 2002

Claustres, G., Lemoine, C.: Connaître et reconnaître la flore et la végétation des côtes Manche-Atlantiques. Ouest-France, Rennes 1980

Dierßen, K., Dierßen, B.: Moore. Ökosysteme Mitteleuropas aus geobotanischer Sicht. Eugen Ulmer Verlag, Stuttgart 2008

Dijkstra, K-D. B.: Libellen Europas. Der Bestimmungsführer. Haupt Verlag, Bern 2013

Düll, R., Kutzelnigg, H.: Taschenlexikon der Pflanzen Deutschlands und angrenzender Länder. Die häufigsten mitteleuropäischen Arten im Porträt. 7. Aufl., Quelle & Meyer Verlag, Wiebelsheim 2011

Frahm, J.-P.: Biologie der Moose. Spektrum Akademischer Verlag, Heidelberg 2001

Glandt, D.: Taschenlexikon der Amphibien und Reptilien Europas. Alle Arten von den Kanarischen Inseln bis zum Ural. Quelle & Meyer Verlag, Wiebelsheim 2010

Gorissen, I.: Die Zwergstrauchheiden Europas – vom Atlantik bis zum Ural. Selbstverlag, Siegburg 2004

Haupt, P.: Landschaftsarchäologie. Eine Einführung. Wissenschaftliche Buchgesellschaft, Darmstadt 2012

Jonsson, L.: Die Vögel Europas und des Mittelmeerraumes. Kosmos-Verlag, Stuttgart 1999

Kratochwil, A., Schwabe, A.: Ökologie der Lebensgemeinschaften. Eugen Ulmer Verlag, Stuttgart 2001

Kremer, B. P.: Das Große Kosmos-Buch der Mikroskopie. 2. Aufl., Kosmos-Verlag, Stuttgart 2010

Kremer, B. P.: Wasser! Naturstoff – Lösemittel – Lebensraum. Schneider Verlag Hohengehren, Baltmannsweiler 2010

Kremer, B. P.: Die Natur entdecken mit der Lupe. Quelle & Meyer Verlag, Wiebelsheim 2013

Kretzschmar, H.: Die Orchideen Deutschlands und angrenzender Länder. Quelle & Meyer Verlag, Wiebelsheim 2008

Linne von Berg, K.-H., Hoef-Emden, K., Marin, B., Melkonian, M.: Der Kosmos-Algenführer. Die wichtigsten Süßwasseralgen im Mikroskop. Kosmos-Verlag, Stuttgart 2010

Mücke, G.: Das Moor neu entdecken. Landbuch-Verlag, Hannover 1989
Ohnesorge, G., Scheiba, B., Uhlenhaut, K.: Tierspuren und Fährten in Feld und Wald. Naturbuch Verlag, Augsburg 1995
Pott, R.: Nordwestdeutsches Tiefland zwischen Ems und Weser. Eugen Ulmer Verlag, Stuttgart 1999
Pott, R.: Lüneburger Heide, Wendland und Nationalpark Mittleres Elbtal. Eugen Ulmer Verlag, Stuttgart 1999
Sambraus, H. H.: Atlas der Nutztierrassen. Eugen Ulmer Verlag, Stuttgart 1987
Schlender, T. (Hrsg.): Das Moor in Mythen, Märchen und Erzählungen. Droemersche Verlagsanstalt Th. Knaur Nachf., München 1987
Staatliches Museum für Naturkunde und Vorgeschichte Oldenburg (Hrsg.): Moorarchäologie in Nordwest-Europa. Isensee Verlag, Oldenburg 1992
Streble, H., Krauter, D.: Das Leben im Wassertropfen. Mikroflora und Mikrofauna des Süßwassers. Ein Bestimmungsbuch. 10. Aufl., Kosmos-Verlag, Stuttgart 2010
Succow, M., Jeschke, L.: Moore in der Landschaft. Urania-Verlag, Leipzig 1986
Succow, M., Joosten, H.: Landschaftsökologische Moorkunde. Schweizerbart, Stuttgart 2001
Umweltbundesamt (Hrsg): Moore in Österreich. Wien 2004

Bildnachweis

Buchhorn, Wolfgang/Hecker, Frank: Umschlag (vorne oben und hinten unten), S. 12, 13, 21, 28, 76–77, 78, 116–117, 118
Derder, S./Blickwinkel: S. 69
Franz, G./Blickwinkel: S. 144–145, 181
Frischnecht, P./Blickwinkel: S. 141 (unten), 142
Hecker, Frank: Umschlag (vorne unten und hinten oben), S. 10–11, 14, 15, 16, 17, 23, 29, 33, 35, 36–37, 38, 40, 41, 45, 49, 50, 51, 52, 61, 63 (beide), 64, 65, 66, 71, 72, 73 (beide), 75, 81, 82, 84, 85, 86, 88, 90, 91, 92, 95 (beide), 97 (beide), 98 (beide), 99 (oben), 100 (oben), 101 (oben), 103, 104 (beide), 106 (alle), 107, 109, 113, 114, 120, 121, 125 (beide), 127, 132, 133, 134, 135, 136, 137, 139, 148, 151, 152 (unten), 156–157, 158, 162, 164 (beide), 166, 167, 168, 169, 170, 171, 172, 176, 179, 185, 188–189
Jagel, A./Blickwinkel: S. 152 (oben)
Kremer, Bruno P.: S. 18, 19, 20, 25, 26, 42, 44, 46 (beide), 47, 53, 55, 56 (beide), 58 (beide), 70, 92, 111, 122, 129, 130, 146, 149, 174 (beide)
Limbrunner, Alfred/Hecker, Frank: S. 100 (unten), 101 (unten)
McPhoto/Blickwinkel: S. 30
Mestel, Eckhard/Hecker, Frank: S. 60 (beide), 68, 99 (unten), 155
Müller, Walter: S. 32
Pattyn, W./Blickwinkel: S. 143
Schulz, H./Blickwinkel: S. 165, 182, 183
Steffen, H./Blickwinkel: S. 161
Wikicommons/USER 2538: S. 141 (oben)
Woike, M./Blickwinkel: S. 67

Karte S. 22: Neu gezeichnet nach Succow, M., Jeschke, L.: Moore in der Landschaft, Urania-Verlag, Leipzig 1986.

Sachregister